占领无畏 轻无敌

周丽霞/编著

中国商业出版社

图书在版编目（CIP）数据

年轻无畏战无敌 / 周丽霞编著． -- 北京：中国商业出版社，2019.8
　ISBN 978-7-5208-0824-8

Ⅰ．①年… Ⅱ．①周… Ⅲ．①青年心理学 Ⅳ．①B844.2

中国版本图书馆 CIP 数据核字（2019）第 144138 号

责任编辑：常 松

中国商业出版社出版发行
010-63180647　www.c-cbook.com
（100053　北京广安门内报国寺 1 号）
新华书店经销
山东汇文印务有限公司印刷
*
710 毫米×1000 毫米　16 开　15 印张　190 千字
2020 年 1 月第 1 版　2020 年 1 月第 1 次印刷
定价：56.00 元
* * * *
（如有印装质量问题可更换）

前　言

21世纪是一个充满了竞争与机遇的时代。在我们成长的道路上，必定是荆棘遍地，险阻重重，这就要求年轻的我们保持一个良好的心态，敢于去做一个无畏的勇士，敢于探索，敢于冒险，为实现人生的目标而勇往直前。

思想决定行动，年轻人只有拥有一往无前的雄心壮志，有一颗勇敢坚定的心，才能够扛起一代人的责任，才能做无愧于时代、无愧于社会的人，并成就一番经天纬地的事业。

那么，作为一个青年人，我们应该如何去面对在成长路上的一个个困难和挑战，顺利地实现我们的理想呢？

首先，青年人应该保持一种蓬勃朝气，勇于争取，不怕困难，有一种"初生牛犊不怕虎"的精神，这样才能够让自己不至于一出社会就心生迷茫，不知所措。现代社会，不怕你没能力，就怕你没有勇气，不敢去尝试。有些时候，失败不可怕，可怕的往往是还没开始就已经退缩不前。

其次，青年人要做到敢于承担、敢于进取，并且要有持之以恒的决心。那种"三天打鱼，两天晒网"的心理，是永远无法成事的。人生没有捷径可走，一切的成功都是建立在苦难与奋斗中的。青年人只有拥有无畏的心，拥有良好的心理素质，才能把握人生的船舵，不会在生活这个复杂的航道里迷失方向。

第三，青年人要做好人生的定位，知道自己能做什么，该做什么。有了人生的目标，就可以向着预定的目标坚持不懈，勇猛进击。当然，在面对机遇之时，该争取的也不要轻易放弃，要明白机会不是常常有的，只要你有能力、有信心，就可能获得意外的惊喜。

总之，青年人要明白自己的使命，要成为掌控心理与情绪的主人，要有一往无前、独行天下的决心，要有一种拼搏战斗直至最后一秒也永不放弃的信念。

年轻的我们，唯有真正努力过，才不会给自己青年时期留下残缺的回忆，才不会在无人的夜色里独自哀叹，黯然神伤。

所以，努力吧！年轻人！为了自己，也为了所爱的人，去奋力做自己想做的事情，无惧无悔，不留遗憾，才是年轻的我们所向往的人生。爱拼才会赢，这不仅仅是一句宣言，更是一种人生态度。

为了能够更好地帮助青年人认清自己，培养自强不息的信念，我们特地编著了本书。书中主要从角色定位、心理认知、励志求学、人际交往、职场就业、人生发展等方面来明确年轻人在生活中遇到的种种困惑，提供了科学有效的心里调适方法，以帮助年轻人增强在生活和社会各方面的适应能力。

相信通过本书，一定会让年轻人有一个良好的心理，从而在未来的岁月里拥有一种无畏无敌的心境，去迎接来自生活与社会的各种压力与挑战。

目 录

第一章 角色定位的心理认知

  青年角色定位与心理认知 …………………… 002

  善于消除心理幼稚病的障碍 ………………… 008

  要从心理早衰的阴影中走出 ………………… 017

  不要迷失在幻想与现实的矛盾中 …………… 023

  情绪越激动越会丧失理智 …………………… 029

  从心理依赖走向行动独立 …………………… 036

  不要在孤独中封闭自我 ……………………… 041

  正确看待反抗与屈从的矛盾 ………………… 048

  正确看待自信与气馁的不同结果 …………… 053

  用理智克制青春期的性冲动 ………………… 061

  从心理上抛弃痛经的困扰 …………………… 067

  懂得消除经前紧张综合征 …………………… 071

第二章 励志求学的心理应变

  怎样消除考试恐惧心理 ……………………… 078

  以良好的调适摒弃厌学心理 ………………… 085

  浮躁之心是学习中的大敌 …………………… 090

  善于掌握良好的学习方法 …………………… 095

有效摆脱偏科的困扰 ……………………………… 101

学会消除和缓解学习压力 ………………………… 106

从落榜的阴影中走出来 …………………………… 112

正确克服考前焦虑问题 …………………………… 119

第三章 人际交往的心理疏通

交朋友是一个交心的过程 ………………………… 126

消除社交恐惧症的心理障碍 ……………………… 131

摆脱公众场合讲话的恐惧心理 …………………… 136

猜忌心理是人际关系的蛀虫 ……………………… 141

信任是人际交往的纽带 …………………………… 145

消除与父母之间的代沟 …………………………… 149

学会适当地与老师交往 …………………………… 154

第四章 职场就业的心理缓解

深入分析啃老族现象 ……………………………… 160

正确地看待蚁族现象 ……………………………… 164

理性地看待就业难的问题 ………………………… 168

慎重地对待放弃专业的问题 ……………………… 173

要做到尽快地适应工作 …………………………… 178

用理智的眼光对待跳槽问题 ……………………… 182

克服工作中急于求成的心理 ……………………… 187

正确看待职场上的提拔晋升 ……………………… 191

第五章 人生发展的心理塑造

理想是人生发展之路上的明灯 …………………… 196

保持一份崇高的责任感 …………………………………………… 201

去除前途渺茫的消极思想 ………………………………………… 204

正确地看待一夜成名 ……………………………………………… 208

不要被暴富的心理所误导 ………………………………………… 213

不要被侥幸的心理所驱使 ………………………………………… 217

抛弃眼高手低的思想 ……………………………………………… 221

摒弃自暴自弃的心理 ……………………………………………… 225

消除急功近利观念的影响 ………………………………………… 229

第一章　角色定位的心理认知

青年是人生舞台上的重要角色，也是人生的一个重要过渡期。就其心理发展水平来说，青年期是迅速走向成熟而又尚未达到完全成熟的阶段，因而这一时期的心理最容易受外界的影响，也最容易发生波动。

青年期心理发展的特点主要表现在两个方面：一是充满朝气，阳光积极，但也伴随着消极面，容易在客观现实与想象不符时遭受挫折打击，以致消极颓废甚至一蹶不振，强烈的自尊也会转化为自卑、自弃；二是自我意识存在许多明显矛盾。这是青年心理不成熟的反映，会严重影响到身心健康。

所以青年人对自身的发展阶段应该拥有良好的心理认知，并努力培养自己豁达的性格。

青年角色定位与心理认知

我们知道,我们每个人都不是纯生物性的个体,而是一个个活生生的社会的人。在社会的大舞台上,每个人都扮演着一定的角色。所以每个人的内心都应对自己的角色有一个明确的认知。所谓青年角色认知是指青年个体对自身应在社会和组织中所处地位及其应承担责任的认识。在社会实践活动中,各种人际关系的建立,常常是以彼此对应的角色为基础,只要你获得了某种角色,社会的其他人就会以相应的角色行为来要求你。

角色是社会地位动态的外在表现,而地位则是角色静态的内在根据。对于个体而言,占据的是地位,但扮演的是角色。角色扮演本身是个动态过程,也就是扮演哪一种角色随着环境、时间的改变而略有不同。青年的心理角色具有一定的参照系。例如,一般来说"学生"的参照系是教师;"孩子"的参照系是父母;"班长"的参照系是其他同学等。地位也同样具有相应的参照系。因此,莫雷诺把社会组织看作一种角色网络,这些角色规范并约束着人们的行为。

青年群体中的每个个体都将不断变换并扮演各类社会角色。他们主要有三个规律性特征,即青年的年龄与其角色意识、角色表现、角色冲突呈规律性递增或递减。通常我们把除自己之外来自组织、社会、亲人、朋友所给予的物质与精神帮助称为社会支持系统，青年群体的社会支持系统个人化趋势相当明显。以不同年龄段为背景的角色类别中，社会支持系统存在着个体差异，不同年龄段的青年角色，存在着不同的压力敏感区。

1. 认识青年的角色

青年人朝气蓬勃、勇往直前，无论是在身体、生理或心理方面都处于成熟高峰，具有充沛的精力、体力，充满信心，感到没有任何力量能阻碍自己前进。这种积极的冲动却易走向反面，成为消极因素。例如，有些青年因精力过于旺盛，但却没有找到正确的途径加以释放，就易无事生非，或进行一些危害社会的活动。

（1）探索创新

积极主动勇于创新，抽象思维在这时期有大的发展，对事物的认知与评价不仅限于直观感受，更多的是进行间接的推理和判断，要有预见性和对新鲜事物的敏感度，切勿因循守旧，要勇于探索和创新。当然无可避免的是有时也会把尚未认识清楚的腐朽当作真理坚信。抽象思维能力的不合理发挥容易脱离实际产生片面性结论，虽善于推理论证，但也可能演变为固执己见的强词夺理。

（2）寻求真理

年轻人要时刻保持积极向上的态度，失败于经验和准备的不足，而不是缺失对失败的畏惧。丢失本心战斗力的失败是惨淡而无法挽回的，对真理的不懈追求是个人角色扮演成功的重要基础。

（3）正直有责任心

青年人要有责任心，懂得承担和乐观面对的人才不会在挫折中迷失自己，不会置身于茫茫人海而找不到前进的方向。无论是工作还是生活，不能避免的无疑是面对形形色色的人，一个有责任心的人才能让别人有安全感，有益于缩短人与人之间的距离，从而消除隔阂赢得信任赢得成功。懦弱地选择逃避责任是不负责的表现，是成功的绊脚石，只会伤害你爱的人和爱你的人，错失最宝贵的东西而追悔莫及。

（4）善待父母

"天下无不是的父母"，古人尚能做到父母之过问不过三，父母的出发点仅仅是希望子女能够过得比自己幸福。当然，这种幸福是在他们的理解范围内，或许存在着一些不适，然而却是父母心中认为最好的东西。对父母家人的关心是青年一代比较缺乏的，独生子女容易形成冷漠，孤僻自私的性格，却也是角色养成中重要的组成部分，用心则孝道永存。

（5）事业发展

别觉得一事无成，当然你现在还没有资格谈成功，一开始太固定在一个公司工作并不一定是好事，或许在不断地改换门庭中，你会学到更多丰富的知识。而且，可以挖掘出自己的潜能，找到最适合自己的工作。这时，只要你不懈的奋力拼搏，你在事业上一定能成功。

即使你现在从事的工作觉得无聊、觉得低级，也请你认真去对待。要知道，任何成功人士，都是从最小的事情做起。或许你现在学不到多么了不起的知识，但起码你能学会良好的工作态度和工作方法，也为日后的成功打下良好的基础。

2．明确青年角色的责任

（1）家庭责任

青年朋友在婚前，可以是爸妈的手中宝、心头肉，撒娇偷懒甚至不干活，但婚后的青年朋友们，就成了别人的妻子丈夫、儿媳女婿，或者母亲父亲等。因此，青年人在婚后，要及时主动转换适应自己的角色，时刻牢记并履行自己在家庭中应承担的责任，就显得非常重要。

圆满的家庭是温暖的，婚后的男人女人都是家庭生活中的重要支柱，有男人女人的家庭才是完美的幸福家庭。然而，幸福的家庭并没有一个统一的标准，只是表现在物质上有基本的保证，精神上有舒适快乐的感觉。家中有了男人女人，并不等于就有了家庭幸福，所以，一个家庭的幸福，在很大程度上要靠男人女人去精心营造。青年朋友们想要营造幸福家庭，其责任就在于用心做好每件事。

人只有站得高才能看得远，看得远才有高境界，才能将家务事安排好。青年朋友们在想营造幸福家庭时，要面对现实，结合自己家庭的真实现状，去勾画设计和睦家庭的蓝图。聪明的青年人，要学会善于与家庭成员沟通交流，使自己的思路始终围绕着家庭具体的现实和需求，并能够对家庭眼前和长远的事情统筹兼顾地切实思考。不但要思考家庭生活中的一日三餐，而且要考虑子女的抚养、上学、就业、成家和双方父母的生活安排，还要考虑购房添物等事情。

家庭需要的，就是我们青年朋友们所要思考的。而一般青年人的思考往往是比较直观或超前的，这就必须要努力克服不正常的攀比心态和浮躁的虚荣心，把自己的思路建立在家庭真实的经济条件和社会客观条件允许的基础之上，就能够做出正确的思考和决策。

任何事情通过家庭成员商定后就要坚决认真去做，就要做好。对自己有能力能够做好的事，要主动承担去做；对自己还不会做的事，要积极学着做；对做起来有一定困难的事，要有信心和毅力去做；对在生活中遇到一两次挫折还没有做好的事，不动摇、不气馁、不埋怨，要有"不到长城非好汉"的精神。一旦有了正确的方向和合适的力度，和谐幸福的家庭才有希望，因为，坚持就是胜利。

对于青年朋友们来讲，吵架是耍赖和无能的表现。总之，青年朋友们要有过日子的打算，在生活中勤劳，用艺术的视觉和行为，信任、尊重、理解和宽容每一个家庭成员，就能够营造出一个和谐温馨的幸福家庭。

（2）社会责任

社会时代决定人生责任的内容，人生责任反映社会时代的要求。树立高尚的时代责任感是时代对社会成员的基本要求，特别是我们当代每一位青年的基本要求，青年人只有树立起责任感、使命感，真真正正负起对社会的责任，才能对社会做出有益的贡献。

①理想信念

理想是一个人的世界观、人生观、价值观在奋斗目标上的具体体现，是一个人工作、学习、生活的根本动力，是人生的事业与生活的精神支柱。有一句名言："理想既是生活的动力，又是生活的指南。"伟大的理想是人类对幸福的未来之渴求，是世界最美丽最宝贵的东西，甚至比亲情、友情和爱情更为高贵。

奥斯特洛夫斯基说过一句话："理想对我来说，具有一种非凡的魅力。"信念是指激励、支持人们行为的那些自己深信不疑的正确观点和准则，是被意识到的个性倾向。信念是由认识、情感和意志构成的融合体，具有信念的人，对构成其信念的知识有广泛的概括性。信念又是世界观的组成部分，它是在个人实践中逐渐地被人认识而形成的。人的信念一旦确立，就会通过热情、勤奋、高度的责任或自信心和创新精神发挥出创造力，形成一股很强的力量。

②爱岗敬业

奉献是一种真诚自愿的付出行动，是一种纯洁高尚的精神境界。"春蚕到死丝方尽，蜡炬成灰泪始干。"这一千古流传的名言，就是奉献精神的生动写照。在上下五千多年的中华民族历史上,为中华民族的发展和繁荣做出巨大奉献的人物层出不穷。井冈山精神、长征精神、延安精神、抗击"非典"精神等,例子非常多。

青年朋友们,你们是有理想、有道德、有文化、有纪律的一代新人,希望你们在人生的前进道路上,朝着自己确定的理想目标行进。

③有所作为

社会不断地发展,人类不断地进步,这都得益于人类不断的创新。从新石器时代投掷石头到后来的长矛弩箭,再到后来的火药大炮,直到今日的航天飞机,都是人类不断创新的结果。

当今时代,新形势和新任务要求我们比任何时候都更加重视创新,进入21世纪,世界多极化和经济全球化进一步发展,科学技术日新月异,综合实力竞争日趋激烈。形势逼人,不进则退。现在是先进的,不久就有可能变为落后。谁因循守旧,停滞不前,谁就会被淘汰。

如果墨守成规,因循守旧,往往与成功无缘。只有勇于创新,善于创新,不断创新,才能有所作为。

④生态节约

当代青年就要增强生态意识,做环境保护的卫士,努力营造优美、洁净、舒适的生产生活环境。当代青年不但要重视人与社会的协调发展,还要重视人与自然的和谐。生态意识是现代意识的重要内容,当代青年应该有将生态意识纳入现代意识的自觉,积极地参与到各种保护环境、防止和治理污染的活动中。

现代社会的节约已经不是物质匮乏年代的那种省吃俭用,如今最需要的是最大限度地发挥资源的效能、节约资源。青年们应该负起时代责任,并且要有节约资源的觉悟,为持续发展留下发展条件和空间。

贴心小提示

青年人怀抱着梦想和希望,并且有信心将梦想和希望转变成现实,他们会付出努力,但是当需求长时间不能得到满足的时候,青年朋友们的心理就产生了挫折感,这种挫折感在青年朋友中是普遍存在的,那么如何缓解青年朋友们的这种心理状态呢?我们有以下几点建议:

首先,遇到挫折时应进行冷静分析,从客观方面找出受挫的原因,及时地采取有效的补救措施。

其次,要善于正确认识前进的目标,并在前进中及时调整自己的目标,要注要发挥自己的优势,并确立适合于自己的奋斗目标,全身心投入工作和学习中去。如果在实践过程中,发现目标不切实际,前进受阻,则须及时调整目标,以便继续前进。

最后,青年朋友们要善于把压力转变为动力,适当的刺激和压力能够有效地调动自我的积极因素。

要保持一个乐观向上的积极态度,挫折和教训应该使我们变得更加聪明和成熟,要明白失败是成功之母的道理。

善于消除心理幼稚病的障碍

在《我不想长大》这首歌词中写道:"我不想我不想不想长大,长大后世界就没有花,我不想我不想不想长大,我宁愿永远都笨又傻……"在现代都市里,越来越多成年人的心态就像这首歌里所描述的那样,拒绝长大,总想"装嫩"。心理专家说,这其实是一种被俗称为"成人幼稚病"的心理障碍，属于"彼得·潘综合征"的一种。

1. 了解心理幼稚病的表现

患有心理幼稚病的许多青年，尽管已到了成熟的年龄，但在心理上还保持了很多孩子的特点：在性格方面，爱玩、情绪化、任性，难以自我克制；在生活方面，较依赖他人；对于工作和家庭等成人责任，往往采取逃避的态度，如频繁更换工作，迟迟不愿结婚，不愿成为父母；还表现出一些以自我为中心的特点，不会主动关心他人，却把他人对自己的关心视为理所当然的事。

比如，32岁的阿玲已经是一名3岁孩子的妈妈，但她仍然像个小孩子一样，老觉得自己没有长大。对于家里的事情，她不愿意干，而且也觉得自己没有能力干，像交水电费这些事情，她都觉得很累。

有一次，老公工作很忙，让阿玲代替去参加一个婚宴，阿玲就觉得自己无法和别人沟通，到了现场也不知道该说什么，该做什么，结果去了之后勉强和新郎新娘见面送了红包，婚宴还没有开始就落荒而逃。

结婚七八年了，阿玲还是动不动就往娘家跑，大大小小的事情都要和自己的爸爸妈妈倾诉、商量，家里明天准备买什么菜、做什么饭，自己在单位参加了什么会，这些生活小事她都要向爸爸妈妈请示汇报，得到父母的详细指导后，她才安心地回到自己家。

阿玲在一所中学里当老师，工作上兢兢业业，这些年来，并没有啥差错，但就是心理上感到压抑，觉得工作比较累，自己无法承担。和工作上相对应的，她在生活上也感到心力交瘁，孩子出生后，她并没有欣喜若狂，反而觉得孩子对于她来说是个累赘。

导致阿玲出现这样的"心病"，和她从小的生活环境有着极大关系。从小到大，阿玲都是生活在父母包办的环境中，工作、生活各个方面的事情，父母都替阿玲考虑好了，长期下来，阿玲把自己的角色一直定位成在父母羽翼下的孩子，而且越来越不愿意长大，也失去了主见。

像阿玲这样拒绝长大的例子并不少。29岁的大刚是一家广告公司的项目经理，但他的笔记本电脑上竟然贴满了蜡笔小新、超人的贴画，就连穿衣也是明显"儿童化"，经常穿着迪斯尼的T恤；26岁的小林经常穿娃娃装、梳娃娃头，脚踩绑带的平跟鞋，背着加菲猫的卡通包，举手投足还是个孩子。

"成人幼稚病"这类心理障碍，我们许多青年都有，并没有明显的区别，这与家庭教育的环境密切相关。比如，父母过分满足孩子的需要，忽略其应承担的责任；此外，父母中的一方在婚姻关系中不能得到满足和慰藉，如父亲长期在外，母亲感到孤独和空虚，与孩子结成过度紧密的关系等。在这种情况下，母亲需要一个永远长不大、不会离开的孩子，孩子就无意识地接受了这种角色。最后，因为错过了与父母分离、成长为独立个体的关键时期，即使父母发现问题，想将孩子推出家门、推向社会，往往也为时过晚。

现在不少青年人，大多数是独生子女，从小在家里备受呵护，有的甚至10多岁了，还和父母一起睡觉。虽然后来结婚了，但心理上总是没有断奶，柔弱的翅膀也就不会飞翔。由于他们拒绝成长，因此就出现了许多婚姻问题，他们的责任感差，依赖性强，心理脆弱，优柔寡断，以自我为中心，小家子气等。这不仅难以承担家庭责任，还使他们不会处理婚姻矛盾。

这些心理幼稚病现象会严重影响青年的身心健康和人生发展，其具体表现为：

（1）在心理情绪上

有时率性而为，待人接物很少深思熟虑，多凭一时之爱好；喜怒皆形于色，胸无城府，极少对人设防，自我保护意识薄弱；好奇心重，精力充沛；喜欢幻想，常常做梦。

（2）在信仰意识上

知道金钱和权势的魅力不可阻挡，但还是坚信情义无价；盲目乐观，尽管知道世间有太多丑恶、虚假和黑暗，但还是相信公理正义，相信红尘有情、有爱、有美好的事物。因此，在他们眼中，身边每个人都是诚心待我，坏蛋总是在自己的世界之外；尽管曾经无数次被那个最信任、亲近的人背叛、欺骗和愚弄，但还是相信爱情。认为人是世上最可怜的动物，愿意帮助每个需要帮助的人，被人斥为没有原则，滥施同情。

（3）在行为习惯上

颇有马大哈的做派，常常丢三落四，顾此失彼。不会察言观色，常常一厢情愿，以至于好心办坏事。

2．认识心理幼稚病的产生原因

英国咨询与心理疗法联合会的菲利浦·霍德森说：

成年人自由地和孩子讨论一些问题，这可能是好事。但是，如果家长开始担当孩子的角色，模仿他们的行为，与他们的朋友混在一起，那就需要警惕了，因为这说明他们自己的生活缺乏某些东西。这有时会让孩子觉得压抑，年轻人需要自己独立的空间。

（1）心理滞留

如果我们青年患有心理幼稚病，那么自始至终固结在童年幼稚的心理水平上，即使到了成熟的年龄，而人格特征仍然固结在儿童的水平，这就是心理滞留。心理滞留的主要表现是依恋父母，缺乏独立性、自主性和创造性。

形成心理滞留的原因，很有可能是我们的父母采取陈旧的教育方式把我们曾经束缚在襁褓之中，让小时候的我们过着半寄生的生活。青年的心理滞留总是用儿童的眼光审视成人的世界，用儿童惯用的家庭方式处理成人的复杂的社会问题，因此，总是陷于挫败感的困扰之中，缺乏基本生存的安全感，人格的主体地位和自我评价系统尚未充分地构建起来，过分地关注别人的外部评价。

童年是我们青年的摇篮，然而我们永远蜷缩在摇篮里，就不可能成熟起来，也就不可能进入人生的高级阶段，就不可能进入创造性活动的阶段。

（2）心理退行

如果我们的青年在某些方面已经得到成熟和发展，一旦遭遇困难便不敢继续向前行进，而又重新退缩到童年的安乐窝，这就叫作心理退行。

诞生并不是一个动作，而是一个过程，一个不断向成熟行进的过程。我们从母体里诞生之后，还要从母亲心灵的子宫中继续诞生。向成熟的行进一旦终止，向幼稚的退行亦即开始。因此，我们要帮助青年坚持向成熟行进，而不再向幼稚退行。

（3）心理僭越

在古代，诸侯盗用了天子的徽号叫作僭越。在这里，我们借用僭越一词，表达人格幼稚性的一种表现，就是指儿童超越父母的辈分，凌驾于父母的辈分之上，民间叫小皇帝、小太阳。父母不和总打架，孩子从中调解，但是父母双方谁也不重视孩子的意见，迫使孩子僭越到父母的辈分上去，大耍威风，借以平息父母的纠纷。有的孩子同父亲或母亲单方面结盟，以对抗另一方。

心理僭越的结果，是孩子说了算，父母靠边站。心理僭越之所以能够得逞，有一个必要的条件那就是幼稚，只要孩子以幼稚的面目出现，父母就会感到束手无策。

心理僭越者有一个共同的口号，那就是"人人平等"。从法理上说当然是人人平等的，然而从伦理学的角度来看，父母和子女并不同处于一个辈分。他们讲平等的目的在于通过平等这个跳板僭越到父母的辈分上去。伦理观念的丧失，是导致僭越的根源。

（4）心理袭取

就是指在不知不觉中将别人的心理行为模式窃为自己所用，这个"别人"通常就是父母。假如父母用非正常的手段对付他们的孩子，孩子就可能以其人之道还治其人之身，也用同样的办法对付他的父母。到了学校或社会，继续沿用同样的手法去对付别人。当然，这一切都是在无意识中发生的，儿童本人的自觉意识并不知晓。

在这种情况下，如果我们青年患有心理袭取，那就不满意自己了，容易采取自己不愿意采取的方式去应对现实，因为所厌恶的思想和行为就在自己的身上表现出来，于是就不可避免地将敌意投射到自身，这就是所谓的内投射。这样的青年总感觉到，自己已经是像父母一样的人，是一个十恶不赦的人，悲剧于是发生了。

心理袭取是一种心理防御机制，袭取了被自己厌恶的别人的坏东西，就混同于那个人，达到心理僭越的目的。"你是坏人，我比你更坏！"于是自然敌意就投射到自身，攻击的对象也就转向自身，转向内部，自我轻蔑、自暴自弃就是这样发生的。

（5）心理异化

每一个人都拥有自身区别于他人的独特的本体特征，这种本体特征一旦被遮蔽或幽囚，他就容易陷于心理异化的灾难之中。

我们许多父母总是希望把孩子驯化成和他们自己一样的人，以便他们没有达成的目标由孩子来实现，就像接力棒一样传递给自己的孩子，民间叫作接班人。然而,他们又往往忽视了一个事实,那就是儿童的天性和自性,本性和天根。被异化的儿童即使到了成熟的年龄,也仍然像一个孩子不可能真正地成熟起来。处于心理异化之中的个体理所当然地无法完成任何事情,因为他不可能全部地被异化,它只能部分地被异化,于是就陷于了人格分裂的状态,一个人格要做什么,另一个人格不要做什么,就陷入了不可调和的内部冲突之中。

(6)心理迷失

当我们青年陷于心理幼稚的困扰时,那么整个精神和整个人格就会陷于崩溃的边缘,或者找不到自我,或者陷于一种自我迷失的状态。在自我迷失的状态下,那就会感到自己已经不是自己了,而是"另一个人"。

如果完全成为"另一个人",这就是人格分裂;如果部分地成为"另一个人",这就是人格冲突与并存。在许多情境下,我们青年如果找不到自己,那就不知道自己到底是谁了。那么,我们青年如何与外界交往呢?时而用"另一个人"的方式,时而用自己的方式,于是就不免会陷于精神崩溃的绝境。

3. 克服心理幼稚病的方法

从心理成长的角度讲,我们每个人都是儿童、家长和成人的集合体,这三种元素的和谐统一,才表现为完美的性格和健康的心理。

我们青年人如果儿童性格和心理元素过多,就会一味追寻快乐,选择依赖,逃避责任,从而诱发"成人幼稚病"。

(1)要重视诺言

要克服心理幼稚,首先要学会成熟。严格要求自己绝对不出尔反尔,对自己的每个承诺都要相当重视,特别是在许愿之前要周密考虑,自己的话是否真能兑现,如能兑现才说,要言出必践。

每一句话都要让人觉得放心、可信任。满嘴跑火车、乱放空炮、迟迟拿不出行动，这是不成熟的行为。

（2）不夸夸其谈

不随随便便高谈阔论，学会适当地保持沉默，说话声音清晰但不乱嚷。有些青年人喝点酒随便就把自己的小经历、小故事拿来满桌子大讲，不用喇叭半屋人都能听见，这种行为最多只能博取听众一笑，谁也不会把那五花八门的所谓"奋斗之路"放在心里。

（3）要含蓄内敛

要经常读书，接受新事物、新信息，不断丰富自己的内涵。但不得张扬，才华只在必需的时候才展现出来，绝不要为了满足虚荣去刻意卖弄。要如醇厚的酒，越品越有味道。

（4）要心胸宽广

不斤斤计较，不贪图小便宜，不在乎吃点小亏，不喋喋不休地抱怨这抱怨那。眼光从不被琐碎事务绊住，对于家庭中的小争吵，经常是"首先回头的天使"。

（5）不以自我为中心

尊重自己，更懂得尊重他人。善于换位思考，会站在别人的立场上考虑问题，不强求别人迁就自己，善于同别人合作。凡是说"我怎样怎样"的人，是典型的小皇帝脾气，还没长大。

（6）勇于承认错误

不顽固，能接受不同意见，善于采纳好的建议。对于自己的不当决策，勇于承担后果，从不找借口搪塞推诿。

（7）要意志坚定

要有处变不乱的心理素质，一旦确定自己奋斗的目标，就朝着它努力，遇到挫折，分析原因，吸取教训，及时修正方向，但决不轻易言退。

（8）要干净整洁

尊重自己的外表，留最适合自己的发型，下巴干净没有胡子，面部不油腻，不留长指甲。衣服不一定要名牌，但整洁大方，不会穿得皱巴巴的。绝不会穿黑皮鞋配白袜子，穿着西服去旅游等。

（9）要尊老爱幼

要有爱心，要有社会责任感，要有传统的美德。学会给老人和孕妇让座，会给受灾地区捐款捐物，会帮助失学儿童，会义务献血……这些事情不一定全做，但不能什么都不做。

（10）有业余爱好

不是只知道工作的机器人，懂得用业余爱好来调节自己紧绷的神经，工作休闲两不误，使生活有情趣。

总之，青年朋友们要在竞争激烈的现实社会中学会如何寻求自己的生存方式，并以快乐健康的心态过好属于自己的成年期。

贴心小提示

亲爱的青年朋友，当你知道了心理幼稚病的危害和具体表现以及怎样消除的方法后，我们再给你推荐一些简单实用的方法，用以克服心理幼稚病：

一是进行心理治疗。成人幼稚病往往会对你的人际关系产生重大影响，这种病症一般难以用药物治愈，最好的办法就是接受心理治疗。你多年养成的生活习惯和人生观单靠说教是很难彻底改变的，应由心理专家和你的亲人一起来进行长期的专业干预治疗，迫使你面对现实，认识到你已长大了。

二是要培养独立性。预防幼稚病要从小做起，要通过多种方式，培养独立的性格和生活的能力，从而预防成人幼稚病。要通过参加一系列活动，特别是社会实践活动，使你更多更全面地了解社会，学习生活技能，培养独立处事的能力。

如果你患有严重的心理幼稚病，最好是用"脱敏"方式来治疗，你不要一味地接受家长的保护，你应独立地完成一些现实生活中的小事情，例如独自上街买菜、去商场或超市选购一些生活用品、晚上独自睡在一个房间等。然后逐渐让你做到遇事独立思考，例如外出旅游让你自己选择景点或景区等。还应定期或不定期地制造一些从简单至复杂的挫折性"作业"，让你独立思考并独立完成。

要从心理早衰的阴影中走出

心理早衰是一种消极情绪，也是一种心理疾病，我们在心理上究竟是年轻还是衰老，很大程度上是由我们自己的心理暗示决定的，心理上认为自己年轻，自然精力充沛、身心健康，如果心理上认为自己老了，那么身心都会衰老。

其实，就一个人的生命来说，生、老、病、死，是人生的自然规律，是任何人都无法回避的自然法则，我们无法阻止自己身体的衰老，但却可以保持自己心态的年轻，所以青年朋友要善于从心理早衰的阴影中走出。

1. 认识心理早衰的表现

早衰是指人并非老年者，身心状况却似老年一般。心理早衰的主要特征：经常感觉"心累"，注意力不容易集中，记忆力也开始下降；对生活没有兴趣,提不起精神;开始多疑、敏感,在小事上经常与人争执,不够宽容;故步自封,没有改变现状的愿望和激情;对新生事物难以接受,很难适应新的环境,缺乏创造力。在心理学研究中发现,76%的人在体质衰老之前,都有心理衰老的迹象。

晓雅大学毕业后在一家网络媒体工作已经3年了。因为长时间盯着电脑屏幕,经常感到眼睛疲劳,头部发紧,精力不足,心累得要死,而且注意力不容易集中,记忆力和理解能力都下降。别人随便问她一个问题,她都要半天才反应过来。

以前她很喜欢打扮,但是现在,她的生活全部简单化,工作没有新意,自我感觉接受新事物和适应新环境的能力越来越弱,创造力和事业心也几乎磨得没有了。虽然她知道这样不好,但是又没有改变现状的愿望,情绪始终没有高潮期。

上周末大学同学聚会时,她突然觉得自己已经变了,对什么东西都提不起兴趣,看见朋友们开心地大笑,她不明白别人为什么都这么容易兴奋,她觉得自己可能已经过早衰老了。

心理衰老成为困扰当今年轻人的一大难题,那么为什么年纪轻轻的我们就会提前进入心理衰老呢?心理衰老的表现主要是什么?现在来带大家真正地了解心理衰老!

(1)精神上

精神不振,长期感觉困乏,嗜睡;反应迟钝,对突发事件的应变能力下降;办事效率低,做事瞻前顾后,缺乏果断;创新能力下降,缺乏创新的动力和勇气,越来越感觉力不从心。

（2）心理上

过度敏感，对自己不自信，老是怀疑身边的人和事；急躁难安，面对问题时，容易急躁，听不进别人的意见；极度自卑，总是感觉自己一无是处；过度伤感。沉湎于对过去的回忆，多愁善感；对家庭冷漠，不主动关心其他家庭成员的情况；自我封闭，生活中，喜欢独来独往，不愿意同陌生人接触。

（3）生理上

视力过早衰退，远视、弱视、散光、眼肌异常容易疲劳，严重时无法较长时间看书、阅读。注意力难以集中，记忆力下降很快，体力不支，稍为一动，就会感到气喘吁吁，头晕目眩，无法长时间进行研究、教学等脑力劳动。

此外，食欲很差，消化功能低下，胃肠功能紊乱，经常感到胸闷气短、心悸心慌。睡眠障碍也明显出现，例如，早睡、多梦、梦魇、睡眠的质量很差等。

（4）体质上

体质衰退表现在对各种疾病的抵抗力很差，经常伤风感冒，发高热得肺炎。一旦得病后久久难以自行康复，需要住进医院治疗。过早患上多种本应该在老年期患的身心疾病，也是一种体质衰退的表现。高血压、冠心病、脑血管疾病，甚至癌症等都是中年期常见的慢性疾病。

2. 克服心理早衰的办法

我们青年人在工作的过程中经常感到精力不足，自觉"心累"，注意力不容易集中，记忆力和理解能力下降；整天绝大部分时间面对机器，与人缺乏交流，造成缺乏生活热情，接受新事物和适应新环境的能力减弱，没有创造力和事业心；生活简单随便，很难提起兴趣；变得敏感多疑，以自我为中心，忌妒心重，这样就容易因一些小事与人争执，或因自己看不惯的人和事而耿耿于怀；固执己见，没有改变现状的愿望，没有兴奋感，情绪始终没有高潮期等。

(1) 态度乐观

青年人应该以一个乐观向上的太多来防止早衰心理的侵袭，有一个寓言能够很好地说明这个道理。一个渔夫打若干鱼后休息去了，路人问："为什么不继续打鱼？"

渔夫答："已经够养活自己了。"

路人说："继续打鱼可以攒钱买新船、雇人、开公司、买别墅，然后舒舒服服躺在海边晒太阳。"

渔夫答："可是我现在已经在海边舒舒服服地晒太阳了呀！"所以，生活是否快乐，由你自己做主。

健康、乐观、积极的生活方式对阻止心理衰老大有益处。要防止由此导致身体早衰，以减少对自己的伤害。同时保持愉快的心情，拥有快乐的心态。

(2) 情感交流

青年朋友们要多跟亲人、朋友联络，通过面对面的交流增进感情。亲人是最安全舒适的交际对象，"常回家看看"不仅仅是歌里唱的，维护心理健康也应该从融洽家庭和睦关系入手。

此外，每逢周末、节假日、纪念日，除了发短信、打电话问候友人，何不尝试用最原始的方式：约几个朋友到郊外呼吸新鲜空气，或者到咖啡厅、酒吧坐一坐，聊一聊。很多人以工作太累为由，放假了就闭门不出，反而没有出去散散心得到的放松效果好。

（3）心情开朗

人生活在复杂的人际关系与社会环境中，难免遇到磕磕碰碰、闲言碎语，将这些不顺心的事记在心上，频频激发生理和心理的应激反应，也同样会加速衰老。同时，这些不良因素又是疾病的祸根之一，应及时忘掉该忘掉的事，轻轻松松地生活，减少对大脑和神经系统的恶性刺激，维护身心健康。

（4）饮食有节

青年朋友们要杜绝不合理的饮食习惯，如偏食、长期饮酒、贪食、暴食或摄入过多的高胆固醇食物等，都会损害身体的多种器官，有害物质在体内积聚过多，破坏体内正常的新陈代谢，致使机体生理指标明显下降，慢性病增多，起居有常、劳逸适度、生活有规律能使各系统的生理活动更加协调，增强人体的免疫力。

长期过度疲劳会使损耗的体力得不到恢复，能量储备减少，致使重要器官提前老化；终日悠闲懒怠，无所事事，缺少体育活动，血脉不畅，肺活量减少，大脑易逐渐废用性萎缩，从而加速衰老。

（5）运动缓解

青年朋友们要积极参与体育锻炼，能大大释放心理压力，缓解疲劳。运动能改善中枢神经系统的功能，提高大脑皮层神经过程的兴奋性、均衡性和灵活性。

另外，多参加体育锻炼，不要因为自己工作很累而拒绝锻炼。注意培养多方面的兴趣爱好，如看书、养花、打球、唱歌、跳舞等，以丰富精神和文化生活的需要。积极参加一些由单位或社区组织的各种集体活动，充分体现人的价值和生活的多样性，最后，亲近一些小孩子，也可有效防止心理早衰。

心理早衰并不可怕，但也不容忽视，还有很多的青年朋友尽管已经出现心理早衰的迹象，但因为没有身体疾病发生，仍旧忙于事业、工作、理想，忽视身心保健，导致亚健康，所以身体健康检查与心理保健工作要"两手抓"。

贴心小提示

亲爱的青年朋友们，我们了解了心理早衰的一些表现和缓解办法，那么应该如何让我们的心态保持年轻呢？下面介绍几种让我们心理焕发年轻的办法，希望能帮助你们找到快乐之源：

一是保持笑容。如果你的笑容少了，那么检视一下自己，是否对某些发生的事情看得过于认真了。其实我们都有这样的经验，过了一段时间去回忆以前发生的不愉快的往事，似乎没有多少是值得我们铭记不忘的，所以对过去和现在，有一笑了之的心态很重要。

二是保持幻想。对未知的人和事物保持幻想，不仅让我们体验到丰富多彩、妙趣横生的境界，幻想还会给我们带来激励，在生活中表现得富有创造精神，它是心理健康的一部分内容。

三是听其自然。我们不必为偶然的冲动责备自己，相反，这证明自己是个率真的人。当我们常常教育孩子"别乱动""小心点"，你要小心自己，可能正在对孩子灌输对未知世界的恐惧，同时正在夺去他们的好奇心。

四是承认现实。尽管我们有能力去支配一些东西，也有能力去改变一些环境，但我们不可能要求事事遂心。

五是学会信任。如果你对周围的人总是表情冷淡，这可能意味着你本能的信任和直觉已经受到不信任的腐蚀。这种不信任是引起你内心矛盾的痛苦之源。只要你是坦诚的,对方那颗跃跃欲试的心也会感受到你的淳朴心怀。

不要迷失在幻想与现实的矛盾中

幻想与现实既有差异,也有联系,它们之间存在着一定的辩证关系。我们既不能把幻想看得虚拟而毫无意义,也不能脱离现实的土壤而耽于虚幻之中。对此,青年人要善于把握好幻想与现实的辩证统一,正确地解决好幻想与现实之间的矛盾。

1. 认识幻想与现实的关系

幻想和现实,其实是有非常密切的关系的。我们要说,幻想与现实之间既有距离,又没有距离。

(1)现实是幻想的前提

幻想与现实之间总是存在一定的差异,但它们的关系又是极其微妙的。可以说,是幻想推动社会造就了现实世界。

如果没有幻想,就没有英国人瓦特发明的蒸汽机、爱迪生发明的电灯,更不用说现在的电视机、飞机甚至宇宙飞船了。

但是,幻想并不是可以脱离生活,随意虚构,信口胡说。幻想必须植根于现实,反映现实,同时必须接受生活规律和自然规律的制约。

(2)幻想与现实的本质

幻想与现实之间隔着一层梦想,如果幻想走到了梦想的话,那幻想与现实之间的距离就是无穷远了;相反,如果幻想最终变成了现实,那幻想与现实之间的距离,我们完全可以说,已经没有了。

要处理好幻想与现实的关系，使得幻想与现实之间融合无间，首先要立足于本质的真实，还必须使幻想环境和幻想人物成为一个和谐的统一体。

（3）幻想与现实的对立统一

有一句话叫作幻想很美好，现实很骨感。有时候幻想教会我们，世界可以美好，可以没有腐败，可以有信心。我们站在现实这方面的同时也要有幻想。

哲学中曾经说过，矛盾是对立统一的，矛盾双方可以在一定的情况下相互转化，幻想和现实这对矛盾，要把握好度的标准，这样才能达到幻想与现实的对立统一。

2．了解爱幻想者的心理特点

爱幻想指的是对一件事情产生没有理由和根据的或过多的想法，青年朋友们在复杂的生活中，有时候是处在郁闷和压抑中，想逃脱，却又免不了被现实的种种残酷所压倒，只能默默地忍受生活中带来的痛苦。

（1）隐藏的表达

爱幻想的朋友往往太过羞于言表自己内心，怕被别人所耻笑，更怕自己受到伤害。所以，对自己喜欢的事和人也只能深埋在内心，不自觉地幻想明知道这是错的，可又控制不了自己。

幻想是想象的一种形式，幻想是和个人的愿望相联系，并且指向未来的。积极的幻想，如理想，对人能起到激励、鼓舞作用。但可惜的是，并非所有幻想都是积极的，有些人脑中的幻想是没有现实根据的、消极的，所以一定要认清幻想与现实幻想内容的绝对化。

（2）以偏概全

爱幻想的青年朋友对事件的评价往往以偏概全，常常凭自己对某一事物所做的结果的好坏来评价自己为人的价值,其结果常导致自暴自弃、自责自罪,认为自己一无是处,一钱不值,进而产生焦虑抑郁情绪。

青年朋友想象的内容趋向于"糟糕透顶",并且认为事件的发生会导致非常可怕或灾难性的后果,这种非理性信念常使青年朋友们陷入焦虑、抑郁、悲观、绝望、不安、痛苦的情绪体验中。

可见,爱幻想的青年朋友身上的幻想内容常常是极端的、不合理的,不利于一个人的人格发展和情绪完善的,这种表现往往会最终导致青年朋友们陷入消极情绪的困扰。

3. 弄清幻想与现实矛盾的原因

青年朋友内心"理想我"与"现实我"往往都是相冲突的,追求自我实现的强烈性与实践人生价值的懈怠性相矛盾。这种矛盾或冲突,极易造成青年朋友们的心理平衡危机,或导致青年朋友们沉迷于幻想,与现实相脱离,或对现实不满,苦闷恼怒,产生消极抵触情绪,甚至产生行为越轨。

(1)理想与现实的差距

青年朋友们大多朝气蓬勃,富于幻想,胸怀远大的理想与信念,对未来充满美好的向往。然而青年朋友们往往又是急躁的理想主义者,对现实生活中可能遇到的困难和阻力估计不足,以致在升学、就业、恋爱等问题上遭受挫折,或一旦困惑于现实生活中某些不正之风,又容易引起激烈的情绪波动,出现沉重的挫折感,有的甚至悲观失望,严重的陷入绝望境地而不能自拔。理想我是将来要实现的我,是现实我的努力方向,现实我是生活中实实在在的我,两者是不同的。当两种形象混淆起来时,就会产生矛盾。一般来讲,青年的理想我与现实我之间的一致性系数很低,原因在于青年朋友们的理想我比较高,一方面由于社会对青年的期望很高,另一方面与他们自己优越的地位有关,往往容易使自我认识理想化或非客观化。

当周围的人对自己的评价不像自己想象的那么高就容易产生矛盾,这就使得青年朋友们对自我认识摇摆不定,把握不住。特别是当实现理想我的过程中遇到困难、挫折、障碍时,青年朋友们就会产生苦闷、抑郁等消极的自我体验。

处于转变阶段的青年朋友们出现这样的心理矛盾是过渡时期具有的正常现象,这些矛盾中同时蕴藏着转变中的真正起步,对生活抱有的不切实际的幻想消失了。正视现实,勇于探索,调整情绪,重振精神使得青年朋友们能够顺利进入新的发展阶段,但是,如果这些矛盾冲突过于激烈和持久,容易导致压抑感,甚至出现心理障碍,妨碍青年朋友的健康发展。

(2)自我意识中的矛盾

青年朋友们的自我意识的矛盾也是造成幻想与现实之间分辨不清的原因之一,主要表现为两个方面:主观我和客观我的矛盾;理想我与现实我的矛盾。

主观是个人对自己的认识和评价,客观是真实的自我存在。二者会处于一种不一致的状态,这种不一致可能是自我膨胀,也可能是过度自卑。

青年朋友们要认识到这种不一致,分析、反省、解剖自身的自我观念,以便找到不一致的原因,树立正确的自我概念。理想是现实通过努力可以达到的一种境界,现实是自我的目前状态,理想我现实是有一定距离的,如果个体对自我的发展没有做过思索,对未来没有什么希望,只是消极地度过时光,自我同一性就会长期处于扩散状态;如果理想和目标过于远大,又可能使个体无法企及而感到失望沮丧,一再产生挫折感和失败感从而放弃对理想的追求。

另一方面,如果个体的自我理想与社会规范是相背离的,即选择消极同一性，会使青年朋友们无法适应社会而最终阻碍其健康发展。

　　青年朋友应该经常展开有关人生观和人生理想的讨论，身边的朋友和父母应该及时了解他们的想法，使每一个青年朋友都能具有积极的人生追求，这是非常有必要的。

　　（3）自我与社会关系认识的偏差

　　自我同一性还包括一种连带感和归属感，即个体感到自己从属于某一个社会、国家和集团，他接受自己所属社会或集团的价值观念，可以容忍社会的一些不足。

　　青年朋友了解社会的期望，并按照一定的社会角色规范去行事，在社会中找到自己的位置并感受到自己的存在对于他人是有意义和有价值的。

　　如果青年朋友们不能正确认识自我与社会的这种连带关系，或没有获得良好适应社会应具备的知识与技能，就会给他的同一性确立带来困难。这可能表现为：过高地期待社会，希望社会能按自己的愿望存在；不能接受正常的社会规范的约束而肆意行事；对现存的某些社会现象无法容忍而采取一些极端的方式加以反抗或彻底逃避。

　　关于如何处理好自我与社会的关系，我们往往只强调个体对社会的奉献，而忽略了如何让青年朋友们去正确认识社会，去适应外部世界，并且让他们了解必要的处世技能。

4. 善于调节幻想与现实

　　爱幻想如果是在青春期是很正常的变现，也是强烈求知欲的一种扭曲，如果出现在成年期，就要考虑是不是受了什么打击，精神可能一度处于崩溃状态，调适显得很重要。

　　（1）不要过于理想化

　　当一个人的梦想与现实差距太大，或者过于理想主义化时，自己便很容易陷入幻想之中，来寻求一种心灵上的寄托，这在一定程度上减轻了自己的负罪感和压力，可是过后会感到空前的空虚，于是形成恶性循环，建议每天做一些自己很烦的事，培养自己做事认真负责的态度，从小事做起，把小事做好。

（2）不要过于完美化

完美主义是把双刃剑，可以让人精益求精，也可以让人吹毛求疵，所以一定要把握好度，如果青年朋友在现实中有什么困惑，请尝试了解和解决它，而不是一味地空想和幻想，那样是不会有结果的。

（3）学会思考与沟通

思想是行为的先导，坚持做到言行必果，多多体验生活，就不会有那么多不切实际的想法了，尝试与人沟通交流，谢绝自闭和妄自菲薄，多向别人学习。

总之，青年朋友们要正确地面对现实，做到无论现实如何残酷也要勇敢地去面对。

贴心小提示

亲爱的朋友们，为什么我们在生活中往往有时分不清幻想还是现实，有时却又不愿意接受现实，一味地生活在幻想里面呢？

一是你启用了不恰当的心理防卫机制。启用了"歪曲作用"这种心理防卫机制。歪曲是一种把外界事实加以曲解、变化以符合内心需要心理防卫术。

二是启用了"幻想作用"的心理防卫机制。这是指一个人遇到现实困难时，因无法处理而用幻想的方法，使自己从现实中脱离开或存在于幻想的境界中，以得到内心的满足。它可以说是一种部分的、思维上的退行现象。

理想化作用是幻想作用的表现之一，它是指对另一个人的性格特质或能力估计过高的现象。你对某个喜欢的演员的评价可能就属于这一类。理想化作用带有浓厚的自我陶醉色彩。

幻想作用有其积极的一面，比如它能使人获得满足感，使人感到精力充沛和斗志旺盛等。然而，幻想作用也易形成人的情绪陷阱，因为幻想作用往往通过夸大他人的优良表现，而宽容自己对失望和挫折的反应，形成以他人的成就来代替自己努力实践的倾向。由于这种满足感是理想化的，而非自己努力的结果，过分幻想就容易形成不健康的心理和导致一些实际上和情绪上的困扰。

情绪越激动越会丧失理智

青年人提升修养的重要内容就是自我的控制力，它重点表现在情绪的掌控上。即要做情绪的主人，而不要做情绪的奴隶。这样才能良好的主宰自我。

我们都知道指责和抱怨不利于情感关系的维系，所以心情再坏，也不要丧失理智，而应当克制自己的不良情绪，在思想上制怒。

1. 保持理智与情绪的平衡

一个人要想经常做正确的事，就必须能使自己清醒与冷静，就必须能管理自己的情绪，这样也才有能力去爱别人，否则清醒时做出的事情是爱别人，被情绪控制时可能做出的就是伤害别人的事情，这样的人明显是没有爱的能力的人。

(1) 理性决策需要平衡

青年朋友们不管问题大小，总有其感性的一面，我们在经历不同类型、不同程度的情感时，应当保持清醒，认识到分歧的所在。

每做出一项决定都不能被感情冲昏了头脑，首先要分析各种方案的有利面和不利面，比如家里商量合用一辆车、解决法律纠纷、办理手续，或者因市场情况变化而改写合同等。

无论在何种情况下，情感和理智应当相辅相成，而不应让任何一方占据上风。

情绪激动时，青年朋友们很难条理清晰地思考问题，有些青年朋友容易情绪激动，对他们来说，考试前的焦虑、看牙医前的紧张、外出旅行前的不安情绪都会影响他们做出理性的决定。

相反，也有些人即使在极度焦虑时或争吵之后也能集中精力思考，做出理性的判断。但是所有人都有这样的经历，有时情绪失控，很难或者说根本无法理智地面对一场冲突。

情绪越激动，就越容易失去理智。你越是爱或尊重一个人，在你认为他受到不公平指责时，你就会越加愤怒，也就越发不能有效地反驳对方的批评意见。

(2) 冷淡会削弱积极性

过于强烈的情绪会使问题恶化，但我们不能因此而压抑情感。我们都希望自己的行为明智且理性，但是良好的关系所具备的每一个要素都依赖于感情投入。

完全用冷淡的眼光来看待世界会使我们体验不到重要的人生经历，没有这些经历，我们可能无法有效地处理分歧。

因此，在人际关系中，感情的介入起到了两方面的作用：当情绪激动失去理智时，双方将不能很好地解决问题。要扭转这种局面，就需要通过积极的感情投入，做到情理通达，以加强双方共同解决分歧的能力。

阻碍人们保持理智与情感平衡的原因有四个：其一，我们不了解自己和对方的情绪；其二，虽然我们常常有意识地控制自己的情绪，但有时情绪急速波动，以致我们不由自主地受它支配；其三，即使理智本身战胜了情感并左右我们的行为，我们仍不能把握好那部分情绪，不管我们怎样将其掩盖，或是否认它的存在，事后它还是会冒出来烦我们；其四，所有这些问题的根本原因在于我们对情绪的产生没有心理准备。

（3）体会他人的情感

青年朋友们常常对感情毫无察觉，不知不觉中，我们已经被不安、沮丧、恐惧或愤怒等情绪所左右，并影响到我们的一举一动。

我们应当学会观察肢体所传达的感情信号。通过观察身体各部位情况，能从中得到有关自己情绪的重要信息。

轻柔的声音，愿意靠得更近些，湿润的眼睛，这些迹象则意味着爱慕、同情或者伤心。我的身体感受在不同的场合可能表达着不同的情绪。一旦注意到这些变化，察觉出自己的情绪也就不难了。

为了培养这种意识，我可能需要在不同场合和不同程度的压力下进行练习。随着对自己身体反应的了解，察觉情绪变得越来越容易，就可以更频繁或在更为紧张的气氛下发觉自己的情绪。

我们仍可以根据某些肢体语言分析对方是否产生了大的情绪波动，经过细心观察，多加体会，就能敏锐地察觉身体和嗓音的细微变化，注意情绪的变化能帮助我们跨越感情冲突。

通过实践，我们可以暂时从旁观者的角度，客观分析双方的情绪，并想出对策。这种距离感同样能减少自己情绪的波动对行为产生的影响，有助于让理性起到平衡作用。

我们的大脑在发育过程中，大脑最先产生本能和感性反应。随后，大脑才会变得越来越理性，并逐渐可以控制一些低层次的本能反应。但险恶环境可能直接引发感情和生理上的反应，导致理性思维出现"短路"。

2. 用理智驾驭情绪的方法

一位哲学家说过："不善于驾驭自己情绪的人总会有所失。"良好的情绪可以成为事业和生活的动力，而恶劣的情绪则会对身心健康产生破坏作用。

青年朋友们在情绪易于剧烈波动的时刻，应该保持清醒的头脑，严防偏激情绪的爆发。人的情绪和其他一切心理过程一样，是受大脑皮层的调节和控制的，这就决定了人是能够有意识地控制和调节自己情绪的，可以理智驾驭情绪，做情绪的主人，以下几方面可起到一定的作用。

（1）逃避法

当人陷入心理困境时，最先也是最容易采取的便是逃避、躲开、不接触导致心理困境的外部刺激。在心理困境中，人的大脑往往形成一个较强的兴奋中心，逃避了相关的外部刺激，可以使这个兴奋灶让位给其他刺激引起的新的兴奋中心。兴奋中心转移了，也就摆脱了心理困境。

此外，还可采取主观逃避法，即通过主观来强化人的本能的潜在机制，努力忘掉或压抑自己不愉快的经历。在主观上实现兴奋中心的转移，注意力转移是最简便易行的一种主观逃避法。

在你痛苦愁闷的时候，集中精力去做一件有意义的事，自然就逃避了心理困境。

（2）转视法

并不是任何客观现实都可以逃避，有时候同一现实或情境，如果从一个角度来看，可能引起消极的情绪体验，陷入心理困境；而从另一个角度来看，就可以发现积极意义，从而使消极情绪转化为积极情绪。

相传一位老太太有两个儿子：大儿子卖伞，二儿子晒盐。为两个儿子，老太太差不多天天愁。

愁什么？每逢晴天，老太太念叨：这大晴天，伞可不好卖呦！于是为大儿子愁。每逢阴天，老太太嘀咕：这阴天下雨的，盐可咋晒？于是又为二儿子愁。

老太太愁来愁去，日见憔悴，终于成疾。

两个儿子不知道如何是好。幸有一智者献策："晴天好晒盐，您该为二儿子高兴；阴天好卖伞，您该为大儿子高兴。这么转换个看法，就没愁喽！"这么一来，老太太果然变愁苦为欢乐，心宽体健起来。

看来，在审视、思考、评价某一客观现实情境时，学会转换视角，换个角度看问题，常会使人感到痛苦不堪的心理困境化为乌有。

（3）自慰法

《伊索寓言》说，一只狐狸吃不到葡萄，就说葡萄是酸的，只能得到柠檬，就说柠檬是甜的，于是便不感到苦恼。我们把这种方法借用来，把以某种"合理化"的理由来解释事实，变恶性刺激为良性刺激，以求心理自我安慰的现象，称为"酸葡萄与甜柠檬"心理。

在自慰时所谓的理由不过是"自圆其说"，但确有维护心理平衡，实现心理自救之效。这种精神胜利法不该被瞧扁了，有些不如意的事情摆在那里，如若能改变，当然该向好处努力，如若已成定局，无法挽回，就该宽慰自己、接纳自己、承认现实，这比垂头丧气、痛不欲生不知要好上多少倍。

（4）幽默法

幽默法对解脱情绪与理智的心理困境是极有助益的自救策略之一。

笑是精神消毒剂，幽默是走出心理困境的阶梯。当事业和生活受到挫折时，当交际出现僵局时，幽默的行为、幽默的语言，常常能使困境和窘迫转为轻松和自然，从而使精神紧张得到放松，和缓气氛，释放情绪，减轻焦虑，摆脱困境。

（5）低调法

人出于本能会不断提高自己的人生期望值。这自然有其积极意义，它是个人进取、社会进步的一种心理驱动力。但"物极必反"，一味不切实际地以过高的期望值来对待人生，也许正是有些人每天都在郁闷愁怨的心理困境中消磨宝贵时光，终生不能享受生活的快乐和幸福的心理根源。

期望值越高，心理上的情绪冲突越大，这是社会心理学的一个结论。

（6）宣泄法

由于社会文化的影响，人们对压抑自我情绪似乎给予更多的肯定。而对宣泄自我情绪则给予更多的否定。其实这有违心理科学。愤怒如强加抑制，就像一颗定时炸弹，时刻有毁灭自己或他人的危险，悲痛如强加抑制，不随泪水宣泄出来，不仅会危害身心健康，甚至会气绝身亡。

如同闷热的夏天唯有一场大雨，才能使空气一新，如晴空万里一样，困境中的心理重压也只有宣泄出来，才能赢得心理上的一片晴空。

（7）升华法

善于心理自救的人，却能把这种思维上的情绪升华为一种力量，引向对己、对人、对社会都有利的方向，在获得成功的满足时，也清除了心理压抑和焦虑，达到积极的心理平衡。孔子、屈原、左丘明、孙子、吕不韦、韩非、司马迁等，之所以为万世传颂，就在于他们在灾难性的心理困境中以升华拯救了自己，塑造了强者的形象。

在遇到挫折时，一味憋气愁闷，或颓唐绝望，都无济于事，做出反社会的报复行为更是下策。这都是在拿别人的错误惩罚自己。正确态度是：化挫折失败为动力，从心理困境中奋起，做生活的强者。

最近的生活是否顺心，身体状况是否健康，工作是否顺利，压力是否太大，或者最近生活是否太过平静，太过顺利，没有什么压力，都可能让人产生紧迫感和厌烦，积压久了，内心承受不了，就会以发火的形式排解。

面对这些情况，首先，青年朋友们要反思自己发怒的原因，衡量发怒的结果，不要让邪火伤害身边的人。其次，尝试一些控制情绪的方法，相信对青年朋友是有利无害的，努力做自己情绪的主人。

贴心小提示

亲爱的朋友们，清理那些具有破坏性的情绪时，要说出自己的愤怒或恐惧，是自信和自制的表现，而非软弱的表现。因此有必要记住以下几点：

一是开门见山。例如："对不起，但这件事实在有点儿让我生气了。"

二是声情并茂。眼睛看着对方，降低音量，放缓语速，适当停顿以加强语气。例如："我觉得很烦……很难将注意力集中在协议的条款上。我想我们能不能改变一下讨论的气氛。"

三是直言不讳。解释一下自己不满的原因。例如："我感到很恼火。刚才我正解释付保证金的事儿,话说到一半就给打断了。我还建议找个协调人,也无非是为大家好,如果没记错的话,有人当时就对我说:'你自己不能处理吗?'"

四是避免责备。例如:"我可能听错了你的意思。如果什么地方得罪了你,请多多包涵。"

五是直接询问。例如:"如果你对这场谈话有什么不同的想法,请告诉我。"

六是予人方便。例如:"我知道大家都是为解决这件事而来的。要不,你再谈谈你的意见,然后咱们休息10分钟,之后再谈预付保证金这件事到底可不可行。"

理性谈论情绪自然而然就能促使双方都归于理智,青年朋友们要以冷静的思维来调节自己的所作所为,这同样促使自己采取自制的态度。

从心理依赖走向行动独立

人应该是独立的,独立行走,使人脱离了动物界而成为万物之灵。当孩子跨进青春之门的时候,进入青春后就开始具备了一定的独立意识。

依赖别人,意味着放弃对自我的主宰,这样往往不能形成自己独立的人格。他们容易失去自我,遇到问题时,自己不积极动脑筋,往往人云亦云,赶时髦,容易产生从众心理。

依赖的产生同父母过分照顾或过分专制有关。对子女过度保护的家长,一切为子女代劳,他们给予子女的都是现成的东西。青年头脑中没有问题,没有矛盾,没有解决问题的方法,自然时时处处依靠父母。对子女过度专制的家长一味否定孩子的思想，时间一长，青年朋友容易形成"父母对，自己错"的思维模式，走上社会也觉得"别人对，自己错"。

这两种教育方式都剥夺了子女独立思考、独立行动、增长能力、增长经验的机会，妨碍了子女独立性的发展。

1. 独立与依赖的关系

独立与依赖首先是一种意识，具有独立意识非常好，这能够促进人自强不息，正是这一点中国人非常强调独立性。但独立性发展到一定阶段就会变得自封，变得唯我独尊，就会以自我为中心，就会不顾及周围的反映，就会变成自以为是，那么他的社会性能力就会降低。

培养人的独立性是一个长期而艰巨的任务，也是一个系统工程。独立性就是独立生活，独立思考问题和独立解决问题的能力，独立地去主动创造，达到思想和经济的双独立。

人从一生下来，就要慢慢拥有自己的独立性，一直至18岁，就应该完全拥有独立性。现在很多青年朋友，到了工作的时候，才完全拥有这种独立性。

独立性是需要培养的，是一个缓慢的过程，如果到工作的时候才去培养，这也许就不能很快地适应这个工作，以致这个社会，也延缓了年轻人发挥作用，这是不利于人的发展的，也是不利于国家和民族发展的。

让年轻人更早地拥有独立性，这可以尽早地发挥年轻人的创造力和想象力，更早地发挥青年朋友们创业的冲动，发挥激情和活力，更早地锻炼他们，更早地适应社会，并且去改造这个社会，更早地融入社会，更早地为社会贡献力量。培养人的独立性得从两个方面努力，一方面是年轻朋友们要主动争取独立性，主动地去锻炼自己的独立性；另一方面，是家庭、学校和社会要主动放弃一些管束的权利，要有培养下一代独立性的意识，要认识到培养独立性的重要性。

人去争取自己的独立性,是对自己负责,是对自己作为一个完整的人的尊重;家庭、学校和社会也要尊重人的独立性,给年轻人独立性,培养他们的独立性,也是对自己的尊重,对人的尊重。

真正的独立是要建立一种开放的自我,超越封闭的狭隘的自我,这是一种追求普遍的精神,也是一种见贤思齐的品质。在此时,人所能够看到的是共同利益,而非个体私利,它所追求的是社会合作。因为只有大家共同努力才能实现社会共同利益,不然就不会有社会的平衡和公平,所以这个时候社会的组织力非常强,因为它能够动员大家参与,实现一个共同的意志。

2. 依赖心理的表现

青年人依赖心理主要表现为缺乏信心,放弃了对自己大脑的支配权。主要表现如下:

（1）缺乏信心

青年朋友们总是认为个人难以独立,时常祈求他人的帮助,处事优柔寡断,遇事希望父母或师长为自己做出决定。依赖性强的青年朋友喜欢和独立性强的同学交朋友,希望在他们那里找到依靠,找到寄托。学习上,喜欢让老师给予细心指导,时时提出要求,否则,他们就像断线的风筝,没有着落,茫然不知所措。在家里,一切都听父母摆布,甚至连穿什么衣服都没有自己的主张和看法。

具有依赖性格的青年朋友,如果得不到及时纠正,发展下去有可能形成依赖型人格障碍。时时处处被动、依赖、消极、等待,难于以一个独立的人立足于社会。需要独立时,对正常的生活、工作都感到很吃力,内心缺乏安全感,时常感到恐惧、焦虑、担心,时间一长或稍遇挫折,易出现焦虑症、恐怖症等情绪障碍或身心疾患。

（2）没有主见

总觉得自己能力不足，甘愿置身于从属地位。总认为个人难以独立，时常祈求他人的帮助，处事优柔寡断，遇事希望父母或师长为自己做出决定。

3. 克服依赖心理的方法

纠正平时养成的习惯，提高自己的动手能力，不要什么事情都指望别人，遇到问题要做出属于自己的选择和判断，加强自主性和创造性，学会独立地思考问题，独立的人格要求独立的思维能力。

（1）自己的事情自己做

要在生活中树立行动的勇气，恢复自信心。自己能做的事一定要自己做，自己没做过的事要锻炼做。

依赖，是心理断乳期的最大障碍，当青年朋友们跨进青春之门，就开始具备一定的独立意识，但对别人的依赖仍常常困扰着自己。随着身心的发展，一方面比以前拥有了更多的自由度，另一方面却担负起比以前更多的责任，面对这些责任，有些人感到胆怯，无法跨越依赖别人的心理障碍。

（2）丰富自己的生活

培养独立的生活能力，青年人在社会中主动要求担任一些班级工作，以增强主人翁的意识。使青年朋友有机会去面对问题，能够独立地拿主意，想办法，增强自己独立的信心。

在家里，自己该干的事要自己去干，如洗碗、打扫卫生等，不要什么都推给爸爸妈妈，做个"小地主"。在学校，除了学习好外，要多参加集体活动，学会去帮助他人。

(3) 经常参加体育运动

心理很大程度上依附于生理，运动可以增强人的耐力与意志，并且机体能力的加强有利于心理势能的提高。尝试独立思考与行动，比如自己去上街，不过不建议去人太少的场所，逐渐调节心理级差。不要继续给自己施加心理暗示，你要对自己说：离了任何人，我一样可以微笑。

(4) 保持多样兴趣爱好

你平时应该多听音乐，让优美的乐曲来化解精神的疲惫。轻快、舒畅的音乐不仅能给人美的熏陶和享受，而且还能使人的精神得到有效放松。开怀大笑是消除精神压力的最佳方法。

你还应该有意识地放慢生活节奏，沉着、冷静地处理各种纷繁复杂的事情，即使做错了事，也不要责备自己，这有利于人的心理平衡，同时也有助于舒缓人的精神压力。勇敢地面对现实，不要害怕承认自己的能力有限，而不能正确处理事务。

广交朋友，经常找朋友聊天，推心置腹地交流或倾诉，不但可增强人们的友谊和信任，更能使你精神舒畅，烦恼尽消。

贴心小提示

亲爱的青年朋友们，过于依赖会对我们的心理变化产生很大的影响，我们要学会独立，下面来介绍几种有效的方法：

要正确看待自己。寻找自己的长处，然后，让自己的长处得以发挥，这是最基本地获得自信的条件。获得自信，要先获得满足感，让自己觉得自己很行。这是最基本的。

因此，你要好好利用自己的长处，尽量发挥自己的长处。要多做，只有这样才能尽可能地品尝到成功时的满足感，那么你才能建立起自信。如果总认为自己不行，而什么都不去做，什么都不敢去做，就会变得越来越不自信，这是一个恶性循环。只有获得成功时的满足感，才能进一步获得自信。当然了，只能慢慢来。可以先做一些小事，再逐渐递增。

自信，其实只是一种心态。需要的只是自己去发掘，并不需要过多繁杂的过程。只要对自己有信心，那么自己就肯定充满力量。不要过分地顾及别人，过分地去注意别人对自己的看法。要以无所谓和平常的心态去对待任何挫折。

自信，其实很简单，只要相信自己就行了。当有了自信心，什么事情都会得心应手。关键在于自己，只要对自己有信心，就什么都能解决。另外，自信的最大因素，很可能是外界对自己的肯定。

不要在孤独中封闭自我

孤独是指因缺乏与人交流而产生的孤僻、寂寞的情绪体验，是一种封闭心理的反映。这种人由于不能与人保持正常交往，所以往往处于一种离群索居的心理状态。

每个人在一生中都或多或少地会体验到孤独感。有孤独感并不可怕。但是这种心理得不到恰当的疏导或解脱而发展成习惯，就会变得性情孤僻古怪，严重的甚至有可能会变成孤独症。对此我们青年人一定要引起重视并懂得调适之道。

1. 对交往要有正确的认知

人是社会性动物，人与社会的联系实际上是通过一系列的人际交往活动来实现的。一般人都会有和他人交往和建立某种关系的倾向。

青年朋友们随着年龄的增长和生活环境的变化自我意识有了新的发展，十分渴望获得真挚的友谊，进行更多的情感交流。所谓友谊就是在人际交往过程中建立发展起来的真挚情感，它反映着人际关系的状态。

因此，人际交往活动，在交往过程中获得友谊，是适应新的生活环境的需要，是从"依赖于人"的人发展成"独立"的人的需要。

（1）渴望情感交流

青年朋友们在人际交往过程中，没有真正走出早期人际交往中形成的"依赖他人"的"不平等的"人际交往模式，在人际交往过程中表现出"依附于人""利用他人""个人中心""求全责备"等倾向，偏离友谊"无私、平等、尊重"的根本原则。

另一方面是缺乏社交的技巧，不善于表达自己的情感和思想，也不善于了解他人的情感和思想，缺乏共同的兴趣和爱好等，因而导致人际交往受挫或交际范围狭窄。长期发展的结果就是感到孤独寂寞，缺少朋友。

交往是人类社会的一种基本的社会活动。通过社会交往，树立正确的交往观念，把握健康的交往内容，树立高尚的交往道德，选择有益的交往途径，建立良好的人际关系，这对青年朋友们的健康成长和未来事业的成功都具有重要意义。

（2）人的发展需要

人的交往是协调人与人之间心理接触和行为一致的"调度室"，它促成人们相互结合，形成相互关系的准则，加强感情的联系，有利于人的生存和发展；交往也是保证社会安定团结的"镇静剂"和"黏合剂"，以保证整个社会机器的正常运转；一个团结、融洽、充满温暖和友谊的交往群体，能使人得到一种安全感、满足感、幸福感和责任感。

青年朋友们与交往对象相互关心、相互帮助、相互尊重，自己的聪明才智和主观能动性得到最大限度的发挥，这是他们人生发展和实现人生目标的重要保证。

交往是青年朋友们自我完善、逐步实现社会化的需要。人的个体社会化，是指个人向社会、向他人学习，取得社会生活的资格，由自然人变为社会人的过程，它包括传授生活技能、教导社会规范、指点生活目标、塑造文化心态、培养社会角色等。

2．认识人际孤独的原因

人到底能承受多少孤独呢？1954年，美国做了一项实验。该实验以每天20美元的报酬雇用了一批学生作为被测者。

实验内容是这样的。为了制造出极端的孤独状态，实验者将学生关在有隔音装置的小房间里，让他们戴上半透明的保护镜以尽量减少视觉刺激。接着，又让他们戴上棉手套，并在其袖口处套了一个长长的圆筒。为了限制各种触觉刺激，又在其头部垫上了一个气泡胶枕。除了进餐和排泄的时间以外，实验者要求学生24小时都躺在床上。可以说，这样就营造出了一个所有感觉都被剥夺了的状态。

结果，尽管报酬很高，却几乎没有人能在这项孤独实验中忍耐3天以上。最初的8个小时好歹还能撑住，之后，学生就吹起了口哨或者自言自语，有点烦躁不安了。在这种状态下，即使实验结束后让他做一些简单的事情他也会频频出错，精神也集中不起来了。

据说，被测者实验后得需要3天以上的时间才能回到原来的正常状态。实验持续数日后，人会产生一些幻觉。例如，看见大队花栗鼠行进的情景，或者听到有音乐传来等。到第四天时，被测者会出现双手发抖，不能笔直走路，应答速度迟缓，以及对疼痛敏感等症状。

通过这个实验我们明白了一点：人的身心要想正常工作就需要不断地从外界获得新的刺激。也就是说，人需要打破孤独。但孤独感却时时向我们袭来，特别是相对于青年这一人群，在人际交往中所出现的孤独感已经成为困扰青年的重要因素。

孤独感是指因离群而产生的一种无依无靠、孤单烦闷的不愉快的情绪体验，它在各个年龄阶段都会产生。造成人际孤独的原因主要有以下几方面。

（1）环境因素影响

有些环境容易让人感到孤独，比如，孤单的环境、陌生的环境、突变的环境等。

（2）自我意识增强

在青年时期，自我意识开始觉醒并逐渐建立，产生了了解别人内心世界并被其他同龄人接受的需要。青年朋友们很关心自己在他人心目中的地位和形象，重视他人的评价。正因为这样，他们会将自己隐藏起来。

一方面青年朋友们觉得自己心中有很多秘密，不愿告诉别人，有一种封闭心理；另一方面青年朋友们又特渴望别人能真正了解自己。这种需要得不到满足时，便会陷入惆怅和苦恼，产生孤独感。

（3）自我评价不当

如果一个人自我评价过低，往往会产生自卑心理，自卑心理严重的人往往缺少朋友，容易产生孤独感。而如果一个人自我评价过高，往往产生自负心理，看不起别人，他们在交往中表现为不合群、不随和、不尊重他人，很容易引起他人的不满，因此，自负心理严重的人也往往缺乏朋友，感到孤独。

（4）缺乏交往技巧

人际交往需要真诚，需要热情，也需要技巧。有的人因为没有掌握交往技巧而失去朋友或得罪他人，破坏自己的形象。

（5）情绪情感障碍

情绪情感成分是人际交往中的主要组成部分，人际交往中的情绪情感障碍常常诱发人际孤独。常见的情绪情感障碍有：害羞、恐惧、愤怒、嫉妒、狂妄等。其中，与孤独感密切相连的是害羞和恐惧，害羞和恐惧会使人产生逃避行为，从而避开与人交往的情境，离群索居，封闭自我。

到了青年期，少年时代人际关系的特点继续发展着。但青年期人际关系发生着质的变化，主要表现在从精神上脱离对父母或成人的依赖，新的友伴关系的协调和适应，自我意识的进一步发展和完善，以及对成人权威的抵触和反抗，竞争和对抗的激化等方面。

因而其人际关系具有广泛性、自主性、易变性和异性敏感性等特点。如果人际关系紧张，就有可能产生孤独、寂寞的心理体验。

3. 克服孤独感的办法

每个人在一生中都或多或少地体验到孤独感。有孤独感并不可怕。但是这种心理得不到恰当的疏导或解脱而发展成为习惯，就会变得性情孤僻古怪，严重的甚至可能会变成孤独症，这就需要心理医生的治疗了。

人际交往对每个人都有很大的作用，对中学生的个人成长、成材尤为重要。

（1）克服自卑心理

由于自卑而觉得自己不如别人，所以不敢与别人接触，从而造成孤独状态。这如同作茧自缚，自卑这层茧不冲破，就难以走出孤独。其实，人与人不可相比，每个人都有长处和短处，人人都是既一样又不一样，所以，一个人只要自信一点，就会钻出自织的茧，从而克服孤独。

（2）多与外界交流

独自生活并不意味着与世隔绝，虽然客观上与外界交流造成困难，但依然可以通过某些方式达到交流的目的。如当你感到孤独时，可翻翻旧日的通讯录，看看你的影集，也可给某位久未联系的朋友写信。当然与朋友的交往和联系，不应该只是在你感到孤独时，要知道，别人也和你一样，需要并能体会到友谊的温暖。

（3）多与人交往

与人们相处时感到的孤独，有时会超过一个人独处时的10倍。这是因为你和周围的人格格不入。例如，你到一个语言不通的地方，由于你无法与周围的人进行必要的交流，也无法进入那种热烈的情感中，所以，你在他人热烈的气氛中会感到倍加孤独。

因此，在与他人相处时，无论是什么样的情境下，都要做到"忘我"，并设法为他人做点什么，你应该懂得温暖别人的同时，也会温暖你自己。

（4）享受大自然熏陶

生活中有许多活动是充满乐趣的。只要你能够充分领略它们的美妙之处，就会消除孤独，如有些人遇到挫折，心情不好，但又不愿与别人倾诉时，常常会跑到江边或空旷的田野，让大自然的清风尽情地吹拂，心情就会逐渐开朗起来。

孔子曾说过："独学而无友，则孤陋而寡闻。"我们应更多地关注青年的人际交往问题，人际交往可以帮助青年朋友们提高对自己的认识，以及自己对别人的认识。

总之，克服孤独感很重要的一条，就是必须尽力改变自己原来的环境。一个人的时候，给自己安排一些感兴趣的事情，读读书，听听音乐，从事自己的业余爱好等。每个人都会有孤单的时候，在属于自己的时间里满足自己的兴趣爱好，乃是人生的一种乐趣。

贴心小提示

亲爱的青年朋友们，如何摆脱孤独感，做到与人建立良好的交往，应该从小事情做起，从细节入手。首先恢复信心，重新激发生活的热情，可以听取以下建议：

做自己喜欢做的事情，做自己擅长的事情，找回成功的喜悦，找回失去的信心，找到前进的动力和方向。

心累了，人烦恼了就歇歇，让心灵去旅行，可以去爬山，看海，感受壮丽风光，拥抱自然，融入自然。

可以做喜欢的运动发泄一下，推荐跑步、散步和篮球。跑步可以锻炼身体，锻炼和提高人的意志和忍耐力；散步可以让人休闲，放松；篮球可以让人学会配合，增强团队意识和集体观念。

可以找知心朋友小聚，小酌几杯，向朋友倾诉，让温馨的友情驱散你内心的无聊、苦闷和孤独。

多和家人聊天，或者打电话，加强沟通，增进感情，告诉家人爱他们。

寻找知心恋人，让爱情升华你的情感，点缀你的生活，照亮你的灵魂。

如果有什么烦恼不方便和朋友、家人说的，可以上网和陌生人聊天，倾吐一下，也可以找到新的朋友。

在网上写日记，记下生活的点滴。

可以和知己逛街购物，说不定有意外的便宜货或者意外的美食在等着你，从中你可以收获意外的惊喜。

好好学习，找到学习的乐趣，不断进步，提高自己的学习成绩，结合自己的兴趣多看有关书籍，规划好自己的专业和就业道路，规划好自己的人生道路。

可以和家人适当地观看自己喜爱的电视剧，同时又可以和家人聊聊天，增进感情。

可以阅读自己感兴趣的书籍，开阔视野，增长见闻，丰富知识，为学习和工作打下良好的基础。

可以练练书法、画画、钢琴或者其他乐器，陶冶情操，增加气质。

提倡绿色上网，看看新闻，适当玩玩游戏，但是不要沉迷，这样可以打发时间。

适当地在家里做家务，这样既可以保持卫生，又可以得到家人的赞扬，可以得到生活的乐趣。

正确看待反抗与屈从的矛盾

青年在社会上，社会环境对他们提出了更高的要求，他们渴望得到同龄人的接纳和尊重。当自主性被忽视或受到阻碍，个性伸展受阻时，就会引起反抗。

多组织各种自主性活动，发挥他们的独立自主性，使他们尽早建立起家庭责任感、集体观念和社会责任感，较为平稳地走过"心理断乳期"，并能顺利地进入社会。

1. 反抗心理产生的原因

反抗心理是青年朋友们普遍存在的一种个性心理特征，这种个性心理特征表现为对一切外在力量予以排斥的意识和行为倾向。

（1）自我意识高涨

随着青年朋友们自我意识的高涨，他们更倾向于维护良好的自我形象，追求独立和自尊，但他们的一些想法和行为不能被现实所接受，屡屡遭受挫折，于是产生一种过于偏激的想法，认为其行动的障碍来自成人，便产生了反抗心理。

反抗心理也是中枢神经系统的兴奋过程，生理学家曾经指出，只有当中枢神经系统的功能与身体外周相应部分的活动达到协调的时候，个体的身心方能处于和谐的状态。

生理学的调查表明，在青春期刚刚起步时，个体有关性的中枢神经系统的活动明显增强，但性腺的机能尚未成熟，两者尚不协调。其结果表现为，个体的中枢神经系统处于过分活跃状态，使初中生对周围的各种刺激，包括别人对自己的态度等表现得过于敏感，反应过于强烈。

在正常的情况下，外界刺激的强度与神经系统的反应之间存在着一定的依存性，两者应是相互协调的。但在青年阶段，这种依存关系受到了影响，致使青年朋友们对于较弱的刺激，也给予了很强烈的反应。常因区区小事而暴跳如雷。

（2）独立意识增强

青年朋友们迫切地要求享有独立的权利，将父母曾给予的生活上的关照及情感上的爱抚视为获得独立的障碍，为了获得心理上独立的感觉，他们对于任何一种外在的力量都有不同程度的排斥倾向。

2. 反抗心理的表现

在个体的发展过程中，主要是针对某些心理内容的，例如，希望成人尊重他们，承认他们具有独立的人格。青年朋友们一般在下列情况下会出现反抗行为：

（1）独立意识受到阻碍

青年朋友们内心的独立要求很强烈，但父母却没有这种思想准备或尚未来得及适应这种情况，仍以过去那种十分关怀的态度对待他们，结果导致反抗行为。

（2）自主意识受到阻碍

如父母不听青年朋友们的意见，将他们一味地置于支配从属地位。当个性伸展受到阻碍时，也会引起极度反感。当强迫青年朋友们接受某种观点时候，后者拒绝盲目接受，表现出对抗的倾向。

青年朋友们的反抗方式也是多样化的，有时表现得很强烈，有时候以内隐的方式相对抗，常有以下几种表现：

态度强硬，举止粗暴。相当一部分青年朋友，是以一种"风暴式"的方式对抗某些外在的力量。这种反抗行为发生得非常迅速，常使对方措手不及。当时的任何劝导都无济于事，但事态平息之后，这种强烈的反抗情绪也将较快地随之消失。

漠不关心，冷淡相对。青年们的另一种反抗不表现在行为上，只存在于内隐的意识中。这种情况常出现于性格内的青年身上。他们不直接顶撞予以反抗的对象，但却采取一种漠不关心、冷淡相对的态度。对对方的意见置若罔闻。这种反抗态度和情绪不易随具体情景的变化而转移，具有固执性。

反抗的迁移。青年朋友们反抗行为的迁移性是指，当某一人物的某一方面的言行引起他们的反感时，就倾向于将这种反感及排斥迁移到这一人物的方方面面，甚至将这个人全部否定；同时，当某一成人团体中的一个成员不能令他满意时，他们就倾向于对该团体中的所有成员均予以排斥。这种反抗的迁移，常使初中生在是非面前产生困惑，在情绪因素的左右下，他们常常会将一些正确的东西排斥掉，这给他们的成长带来不利。

3. 消除反抗心理的办法

反抗期中矛盾的焦点在于：成长者对自己发展的认识超前，父母对他们发展的认识滞后。青年们的认识超前是指对自己具有成人意识而不具备成熟的心理条件；父母的观念滞后，主要表现在他们只注重青年们半成熟的一面，而忽视了子女的成人感这一不可忽略的发展事实。

（1）处理好与父母的关系

青年通过反抗期走向自主自立，以父母为范型的态度不再继续，代之为看到父母也有很多缺点。同时由于自身洞察力与对他人认识能力的发展，能够从人的整体人格对父母的优缺点进行全面的评价，认为父母虽有缺点，但应受到尊敬。青年后期，更多的人对父母采取尊敬的态度。

在反抗期阶段，亲子关系处理得好与不好，其意义尤其重要。处理得好，使青年对家庭产生深厚的感情和应有的责任感，并能促进他们形成积极的独立态度，并能较为顺利地进入成人社会。

（2）学会辩证地看待问题

反抗心理与认同心理相反相成，对立统一，那么就应该扩大青年们认同心理的范围，以减少反抗心理产生的机会。同时，也正是因为青年朋友们阅历少，知识贫乏，对事物认识十分片面，不会辩证地、一分为二地看问题。

（3）要积极参加娱乐活动

在学习和生活中，对于组织青年朋友们献爱心活动，许多青年们觉得没必要甚至会很反感。但是，如果青年朋友们去亲身体验，用真实的画面震撼自己的心理，这样不仅可以改变其原有的认同心理而消除反抗心理，还会调动青年们的积极性。

总之，青年朋友们独立与自主的愿望尤其强烈，权利意识空前高涨，而这种最初的独立性往往表现出片面性和不成熟性，使得父母仍然不能将我们当成大人来看待。所以，不必过于自责，你的烦恼是可以理解的，但是反抗和逆反也是学习的一种形式，不必过于烦恼，更不必惴惴不安，只要青年朋友们与父母之间善于沟通，互相理解和支持，这个时期是完全可以顺利度过的。

贴心小提示

亲爱的青年朋友们，应该如何走出反抗期的困扰，我们有以下几点建议：

一是父母要看到青年朋友们的成长，尊重孩子的自尊心，与他们建立一种亲密平等的朋友关系，并允许青年们也能参与家庭的管理。

二是父母要相信青年朋友们有独立处理事情的能力，尽可能支持他们，在其遇到困难、失败时，应鼓励安慰，成功了要立即表扬。

三是子女应理解父母，父母需要受到孩子的尊重，他们大都视子女的幸福为自己的生命，父母的忠告，往往是自己生活经验的总结，有一定的参考价值，作为子女应经常向父母谈谈自己的思想和活动内容。当自己的选择与父母的愿望相违时，要通过商量来解决，要摆出事实来证明自己的选择是正确的。

正确看待自信与气馁的不同结果

一个人之所以失败，是因为他自己要失败；一个人之所以成功，是因为他自己要成功。不自信，当然要失败。

可以说自信是根魔棒，一旦你真正建立了自信，你将发现你整个人都会为之改观，气质会更优秀，能力会更强，随之你的生活态度也将变得更乐观。

青年人须知，如果说自信不一定让你成功，那么丧失信心却注定你会失败。所以一定要正确看待自信与气馁的不同影响。

1. 了解缺乏自信的原因

缺乏自信是人类所特有的一种消极属性，很多中年人也存在这样的问题，青年人一旦对自己某方面的能力丧失自信，还可能会跟着连带对自己的其他方面的能力也丧失自信，最后造成多方面甚至全面的落伍，如果青年们发展到严重的自信心丧失，还会出现更多的生理上或心理上的异常。

那么，青年朋友们不自信的原因主要有哪些呢？

（1）缺少成功体验

平时做事成功率不高，在日常的生活和学习中经受了过多的失败与挫折。某一口才不太好的青年，一次在大庭广众之下发言失败，受到人们的哄笑，心里感到很不好受，恨不得找个空隙钻到地下去；有的青年朋友想获得好的学习成绩，结果事与愿违；有的青年朋友们想组织好一项活动，效果却不理想；有的青年朋友们想使自己勇敢起来，但还是受到别人讥笑。如此一次又一次地经受失败与挫折，使青年朋友们在心里产生一种"我不如人"消极定式，工作和学习的热情与动力逐渐减退，严重的甚至丧失了对生活的信念与求知的欲望。

在影响青年朋友们成才的诸多因素中，打击最大的莫过于失败了。在失败感伴随下成长，会对青年的健康人格的形成产生极大的负面影响，他们会出现孤独不安、考试焦虑、过分自责、行为退缩等心理障碍。

（2）自身缺乏能力

青年是生活在群体之中的，一些先天或后天能力相对较弱的青年在能力较强者面前往往感到自愧不如，他们会由于自身的条件不如别人而产生挫折感。

有的青年记忆力不好，别人一下子就能记住的东西他要花很长的时间，费很大的气力才行，常常被人说成"笨蛋"；有的青年社交能力不强，不善于与别人相处，没有好的朋友或伙伴，与别人格格不入，常常会感觉到做人很失败；有的青年五音不全，连一首完整的歌都唱不下来，常常会受到别人的鄙视，自己也觉得很失落；有的青年天生运动能力欠佳，身体的协调性也不好，运动项目样样都落在别人后面，常常在心里自责。

如果这些某一方面能力较差的青年不能得到正确对待与引导，他们就会在心里产生畏惧，对许多事情望而生畏，从而产生恶性的循环，人家是强者更强，自己是弱者更弱，与别人的差距越来越大，自己的自卑心理也越来越烈。

（3）生理上有欠缺

一些身材矮小，相貌丑陋，身体有残疾的青年，常常体验着不能与常人相比的失望与痛苦，陷入自轻自贱的自卑境地；一些太胖、口吃、五官不正的青年也会经常受到其他人的嘲笑。

（4）不能正视自己

有的青年由于盲目地对自己要求过高或过于完美而陷入了自卑的泥潭。

有的青年可能错误地理解了父母的要求，或者是有的父母错误地要求了孩子，于是他们往往高估他人的能力，低估自己的能力，经常拿自己的短处与他人的长处相比，越比越觉得自己不如别人，越比越泄气，越比越没有自信。

2. 认识缺乏自信的表现

自信是一个人对自己的正确认识和评价，它能使我们了解自己、相信自己、悦纳自己，从而塑造良好的自我形象。科学家爱默生说："自信是成功的第一秘诀。"其原因就在于充满自信的人，大脑思维活跃，容易产生灵感和创造力，因而事业容易成功。

（1）指责抱怨

有的青年朋友们总是喜欢责怪别人或向别人抱怨，因为我们拒绝承认自己应为发生在自身的事情负责。推卸责任非常容易，我们总是说：问题在于他或他必须改变。习惯抱怨和推卸责任的人总感到自己不如别人，因此青年朋友们试图透过贬低别人来抬升自己。

（2）挑剔别人

青年朋友们对那些不接受或不同意我们价值观的人百般挑剔，试图透过证明自己对和别人错，来消除自己的自卑感。请注意，当别人做了我们不喜欢的事情时，我们会感到非常不快。当我们挑剔别人时等于是在说：我不喜欢做那件事，所以我也不能容忍你做。从心理学的角度来说，我们会厌恶别人也有我们同样的毛病和弱点。

需要别人的注意和认同：许多人都迫切需要得到别人的注意和认同。

他们认识不到自己的价值和重要性，需要听到持续不断的肯定，才能确认自己是被接受和认同的。

(3) 缺少朋友

自卑的青年朋友通常都没有好朋友，因为他们都不喜欢自己，所以宁愿选择独处，不与人打交道；有时他们会表现出相反的行为，表现出挑衅、强势、喜欢批评和要求。这些个性都对交朋友没有好处。

(4) 争强好胜

如果想自己总是赢或总是对的，说明青年朋友们急于要向周围的人证明自己。我们试图透过自己的成就达成这一点，我们的出发点在于想要得到别人的接受和赞同。总而言之，你就是想要比别人更好。

(5) 放纵自己

不喜欢自己的生活状态的青年因为无法忍受自己，常常试图透过替代性的方式来满足自己的需求。由于他们觉得受到剥夺和伤害，便寻求精神和肉体上的镇痛剂麻痹伤痛。他们借用食物、药物、酒精麻醉自己，从而得到暂时的慰藉。他们用这些方式暂时掩盖了自己的痛苦和自卑。放纵的行为弥补了自我否定的感觉，使他们暂时逃避了面对现实和改变自己的需要。

(6) 情绪低落

当我们认为外在环境使我们的愿望无法得到满足时，我们就会感到沮丧和挫折。当我们觉得一切都不在掌控之中，自己无能为力和毫无价值时，就会感到泄气。我们在实现自己梦想和满足别人期望的过程中不断受挫，这加速了自卑感的形成。

(7) 贪婪自私

贪婪和自私的人有着极度的不满足。他们专注于自己的需要和渴望，不惜任何代价去弥补自我价值的匮乏,很少有时间或兴趣去关心别人,即使对爱他们的人也是如此。

(8) 优柔寡断

缺乏自信的人通常害怕做错决定。青年们担心自己没有能力做那些自己应该或别人期望他们做的事,于是干脆就什么都不做,或能拖就拖。他们不愿意做决定,因为他们认为自己不能做出正确的决定。因此,他们不做决定就不会犯错。

还有一种人是完美主义者,也具备了这种基本特征,他们总希望无论什么情况都是正确的。在缺乏安全感的心理作用下,他们会竭力做到最好,以免受到批评。如此,按照他们的标准,他们会感到自己比别人优秀。

(9) 善于伪装

喜欢伪装的人同样觉得自己不如身边的人。为了对抗这种感觉,他总是炫耀自己或自吹自擂,或哗众取宠或强颜欢笑,或用物质来加深别人的印象。他们不会让任何人发现他们的真实感受,以此掩饰自卑感。他们以为在伪装的保护下,别人看不到真实的自己。

(10) 表现自怜

自怜症源自青年们对自己的生活无所作为。我们任自己受他人、环境和条件的支配,随波逐流。我们允许别人来攻击、伤害、批评和惹怒我们,因为我们对别人的依赖感导致我们需要被人关注和同情。我们经常通过生病的方式去控制别人,因为我们知道装可怜可以引起别人的怜悯。生病时,别人会同情我们,并尽量满足我们的要求。

3. 树立自信心的要诀

气馁退缩是人们生活中的一大障碍,是成长、成功道路上的绊脚石,那么,我们如何踢开这块绊脚石,勇往直前地走在成长、成熟、成功的道路上呢?

(1) 相信自己

胆怯退缩的人往往是缺乏自信心理的人,对自己是否有能力表现或做某些事情表示怀疑,结果可能会由于心理紧张、拘谨使原来可以做好的事情弄糟了。

比如,我们中的有些人可能有过考试怯场的经历。本来平时成绩不错,但是一遇到比较重大的考试就紧张起来,脑子里一片空白,结果以前会做的题,也给做错了,这就是缺乏自信心理的集中表现,而性格胆怯退缩的人往往会出现这种情况。况而那些自信心理强、胆大的、性格外向的人,可能越是大场面的考试就发挥得越好,这是因为后者自信心理比较强,而且不像胆小内向心理的人那样瞻前顾后,想得那么多,大脑的兴奋点都集中在如何答题上了,所以比较容易发挥水平,甚至超水平发挥。

那么,胆小退缩心理的人在做一些事情之前就应该为自己打气,相信自己起码有能力发挥自己的水平,然后只要自己去努力就可以了。正所谓谋事在人,成事在天,抱着这种所谓的平常心去面对一些挑战,结果如何也不会给我们留下什么遗憾了。

(2) 做好准备

自信的心理不是凭空产生的,如果你要参加一个考试,但是你一点都没复习,那么再胆大、自信心理强的人也不敢认为自己一定能考好,更何况是一个本来就不自信的胆小退缩的人呢?心里就更没底,更会紧张了。

又如,当你要在许多人的场合做一个讲座,但是你却没有认真准备,那你在上去之前肯定会对自己是否能够讲好产生怀疑。当然对于那些很有演讲经验,很会控制场面,调节气氛,能够即兴发挥的人来说,就另当别论了。

对于本来就胆小退缩的人来说，每一次失败可能都是一个重大的打击，所以我们在每做一件事情之前，都应该做好充分的准备，这样就会为自己树立自信心理打下基础，为自己取得成功提供了可能性。

而每一次成功又成为胆小退缩的人尝试下一个任务的动力，从而形成一个良性循环，最终使自己越来越自信，越来越敢于尝试新的东西，迎接更多的挑战，为自己争得更多的发展机遇，赢得更多成功的体验。

（3）总结原因

通俗地讲叫"归因"，就是把某件事的原因归结于什么，是归结于客观还是归结于主观。失败对于胆小退缩的人来说通常是一个沉重的打击。每当遇到失败的时候，胆小退缩的人往往垂头丧气、耿耿于怀，这是因为他们总是把失败归结于主观自身的内部原因，即认为自己能力不够，或者认为自己不聪明，这种归因肯定就会使他们对自己的能力产生怀疑，对自己的自信心理无疑是一个打击。

那么在以后遇到类似的任务或者更具挑战性的任务时，这些胆怯退缩的人就会选择逃避、放弃，因为他们曾经失败过，而且失败的原因他们认为是自己不行，没有能力胜任，这样就会形成一个恶性循环，使胆小退缩的人更退缩，更缺乏自信心理，更没有勇气去尝试新的任务。

所以一个人的"归因"是很重要的，它直接影响到一个人对自己的认识，影响到他们对待其他事情的态度，从而可能会对自己处理一些事情的能力真正产生不良的影响。

（4）扩大交往

胆小害羞的人往往因为胆怯而不敢与人交往，结果仅限于很小的朋友圈子，变得越来越孤僻、退缩。胆小退缩的人很少与人交往，并不是他们自恃清高，相反，他们往往认为自己是不可爱的，不受欢迎的，别人不愿与之交往。

如果青年们形成了这样消极的自我概念，即对自我的一种肯定的认识，那他们在行动上就会有意无意地表现得让人很难接近，很难交往。当你认为自己是可爱的，被别人接受的时候，你就会表现得自信，而自信的人往往是可爱的，人们愿意与之交往，而交往的人越多，就越会增加他们的自信，从而在别人面前就不那么胆怯退缩了。

（5）身体语言

所谓身体语言，指的不是我们说的语言，而是我们的身体姿态、动作、表情向人们传递的信息。羞怯的人不好意思与人说话，与人面对面时不敢看对方的眼睛，所以给人的印象是冷淡、闪烁其词，但实质上这种身体语言传递的信息是我胆怯，我害怕，我不安。

但是，与之交往的人并没有注意到这一点。他们会把这种身体语言误解为冷淡、自负，从而避之千里，这使胆怯者更加迟疑不安。其实，胆怯的人不与人打招呼或说话，并不是他们没礼貌或冷淡，而是怕说出不合适的话而已。

积极的自我形象和健康的生活态度，可增强抵抗疾病的免疫力，自我怀疑和对自己的能力失去信心是常见的。任何人，无论表现得多么自信，也难免对他面临的挑战缺乏自信心。这常常是对压力的一种自卫性反应。长期自信心丧失，会影响对自己能力的认识，压力就产生了。情绪上的、心理上的或生理上的毛病就相伴而至。

因此，如果无法克服焦虑或沮丧，应去找专家帮助，治疗的首要目标就是改变自我认识。一旦找回了自我价值，压力就会减少，症状消失。照镜子时，你是否无忧无虑、身心轻松，还是焦虑不安、心情紧张？积极的自我形象是自信心的表现。如果你认真思考，就会发现自己生活中积极的方面。

贴心小提示

亲爱的朋友们，一个人由于缺乏成功的经验，缺乏客观的期望和评价，消极的自我暗示又抑制了自信心，加上生理或心理上的缺陷、恶劣的生活境遇等原因导致了气馁心理的产生。

这种心理常表现为抑郁、悲观、孤僻。如果任其发展，便会成为人的性格的一部分，难以改变，严重影响人的社会交往，抑制人的能力发展。那么如何来克服自卑心理呢？

列出你性格中积极方面，可更好地了解自己。

对自己的成功给予积极评价。

选择生活中的某一方面，努力改变。

制定可以完成的目标。

不要过快地改变生活中的太多方面。

找出一个合适的典范，而不是一个不现实的偶像加以学习。

不要对过去的失败和错误的判断耿耿于怀。

不要用酒精刺激自信心。自我评价记下你的优点和成功，可着眼于积极的生活，增强自信心。

用理智克制青春期的性冲动

性是人的本能，一个人成长到了青春期，接近性成熟，出现性欲和性冲动，是生理发育和心理发展的正常现象，但是，不少青年人由于缺乏性知识，对自身出现的性欲体验感到迷惑、恐惧、焦虑，甚至产生罪恶感；也有的则因好奇而盲目追求，以致影响学习、工作和身体健康，甚至导致严重的后果。

青年人应该充分认识到，人与其他动物在此方面的区别就在于人类的性行为受到理智的控制和意识的支配，所以应该懂得用理智克服性冲动。

1．了解性道德的界定

社会的性道德包括三个阶段，一个阶段是通过法律体现的积极的制度。在下一个阶段，法律没有干涉的权利，值得重视的是舆论。最后一个阶段只注重个人的选择，不管是在理论上或实际中。

性道德的影响多种多样，例如男人的、夫妻的、家庭的、民族的和国家的。在某些方面，性道德的影响可能是好的，但在其他方面却可能是坏的。当我们研究某个特定的制度时，我们必须首先考虑以上各种影响，然后才可以对这种制度做出评价。首先研究一下纯粹属于个人影响的，这种影响是基于心理分析的。

（1）自愿原则

是以不违反社会公德为前提，不伤自己，不伤对方，不伤后代，不造成精神污染。

（2）爱的原则

感受与心理感受有机融合，有句名言说"性交只有在结婚的床上才是合乎道德的"。

（3）禁忌原则

遗传病及家庭伦理道德都有性禁忌要求。制约性道德的手段除法律手段之外，最主要的是依靠传统美德教育，包括：羞耻感、义务感、责任感、良心感、公德感及贞洁感。道德约束下的性与爱，追求人类高层次需求的性与爱，才会是一首优美的诗、一幅迷人的画、一首醉人的歌、一杯甘美的琼浆，是人生旅途上的一段美好时光。

2. 认识性道德的特征

性道德是社会道德渗透在两性生活方面的行为规范，调节人们生理机能与社会文明之间的矛盾，是人们性行为的标准，也是衡量人类两性关系文化发展水平的重要标志。

性道德是一种社会形态，它和其他社会上层建筑的社会意识形态一样，有着各自的特点，发挥各自的作用，主要特征如下：

（1）是特殊的规范

性道德所制约的对象比较特殊，制约着人们的两性关系，是指导自己性生活的行为准则。而两性生活是人类社会生活中最具有感情色彩、最隐蔽、最动人心弦的一部分。其次表现在性道德的制约作用十分敏感，一旦有人越轨，很快就会引起舆论哗然，人们就会议论、谴责，连亲友都感到有失脸面。

在舆论的压力下，个人也易于产生良心上的责备。同时性道德规范与法律法规没有不可逾越的鸿沟，违反性道德，进而走上性违法犯罪。

（2）有特殊层次性

各个民族的风俗习惯和性道德的形成有着民族自身的不同特点。如有的民族至今允许一夫多妻的性关系，不认为是不道德。有的民族曾流行抱婚，有的民族仍有掩婚等，都不认为是不道德行为。

对现代文明的正当的异性间的某些交往方式，在某些地区则可能会遭到非议。人类社会本身的多层次性，反映在性道德方面也出现了多层次的要求。

（3）有一定稳定性

上层建筑对经济基础来说都具有稳定性特点，即使经济基础改变以后，原来的上层建筑还将稳定地保留一定时期。性道德规范比其他上层建筑变化的速度更慢，有着更大的稳定性。

因为改变旧的观念，需要人们的思想文化、社会风尚和心理结构有一个变化的过程，这个过程是比较缓慢的。这也是新中国成立以后，在相当长的一段时间内，封建的道德观念仍然在有形无形地对人们发生影响的原因所在。

（4）有广泛社会性

性道德贯穿于人类社会的始终，是与社会共存的。从横向来看，性道德涉及社会的每个成员，到了生长发育期，都要受到性道德的约束，对个人、家庭和社会的影响都很大。

3. 认识性冲动的产生原因

性冲动本身并不是一件多么不正常，或多么可怕的、多么下流的、多么无耻的事情。处于青春期的少男少女，在异性交往中，谁也不可能完全从性本能的冲动中解脱出来。

它的发生很大程度上是由于身体里性激素加速分泌的结果，从生物学角度来说，性冲动是一种生理和心理现象，它往往是通过两种途径诱发的。

（1）由感觉影响

由视觉、听觉、嗅觉、触觉、味觉刺激大脑的思维所引起。每当男孩（女孩）听到会激发性兴奋的语言信号，或是看到、触到异性的性感部位，或闻到、尝到异性身体上的刺激气息，或者脑子里想到有关性的问题，都会通过大脑支配脊髓中的性中枢，而引起性器官的勃起或滋润。

（2）由刺激影响

性器官受到刺激后，交感神经会将信号传到大脑的性中枢，引起性器官充血，从而产生反射性性冲动。比如，女孩子被自己所钟情的男孩无意中碰撞了一下身体某部位,即会感到一种软酥酥的麻醉似的感觉流遍全身而产生一阵无以名状的快感。意志薄弱的女孩子就有可能对这个男孩做出某些性冲动的行为。

4．克服性冲动的方法

青春期的男女交往,因为害怕对方或自身的性冲动而从健康的异性交际场中逃离出来,采取独来独往的封闭方式显然是不可取的。

如果在青春期,性冲动发生过于频繁,如有的男孩一看见异性的乳房就会有骚动甚至勃起现象发生,那必然会影响正常的学习、生活和工作,以及与异性的正常相处。

如果能从以下几个方面努力,应该是可以在男孩女孩之间保持一种纯真的感情或友谊。

(1) 代偿转移,淡化注意力

你是否经常独处一隅,想着有关性方面的问题,或者特别留意身边女孩性敏感的部位,或者经常与同伴一起谈论性的话题等?

如果回答是肯定的,你最好立即"刹车",积极投身于大集体生活,比如,多参加一些体育活动、文娱活动、知识竞赛活动,多观看一些健康的影视节目,特别是与性距离较远或不沾边的节目,如足球赛等,以淡化你的注意力,转移你的大脑中枢神经的兴奋中心。

(2) 抵制诱惑,净化刺激源

黄色的书籍刊物、淫秽的音像制品是精神鸦片,是诱发少男少女冲动,教唆青少年不正当行为的罪恶之源,处于青春期的少男少女若不警惕,最容易被俘虏。所以青春期的男孩女孩自觉抵制诱惑,避免看或听有性刺激的书刊、音像,净化身边刺激源,显得尤为重要。业余时间不妨多读一些自然科学、社会科学或与学习有关的书籍，心思就不会走岔。

（3）缓冲减震，弱化冲动

恋爱是无比神奇美妙的，它美在神秘色彩与几丝朦胧，具有强大的吸引力和诱惑力，使人渴望与梦想。一对青春期男孩、女孩朝夕相处久了，难免日久生情，当一方冲动起来，不能驾驭自己的感情时，另一方最好耐心劝导，婉言回绝。用你的智慧弱化他（她）的冲动欲望，不可以态度暧昧或姑息迁就，委屈迎合。让他（她）在你的缓冲减震作用下，恢复理智，冷静面对现实，避免不幸的事情发生。

（4）矜持理智，强化自制力

人不是超凡脱俗的神仙，也不是在桃花源中生活，不可能毫无欲念。但人的冲动是受道德约束的，人的意志完全可以战胜人体本能的欲望，加强自制力锻炼就能克己制欲。

一般来讲，一个矜持理智、自制力强的人往往性格开朗，兴趣广泛，积极向上，具有良好的道德素养和比较好的生活节律、习惯，所以即使这些男孩、女孩产生性冲动，他们也会用自制力加以控制。

总之，如果把感情比作桨，那么理智便是舵。只有两者的默契配合，爱情之舟才能抵达幸福的彼岸。婚前遇到的也许正是这种"驾驭"本领的考验。性冲动掀起的波澜，会使青年朋友们迷茫、手足无措，甚至使"船"倾覆、搁浅。只有意志坚强，才能平息波澜，扬帆远航。

贴心小提示

亲爱的朋友们，当你出现性欲望和性冲动，这是生理发育和心理发展的正常现象。重要的是怎样正确地认识性欲欲望，怎样有效地克制性冲动。为此，我们提出以下几点建议，供青年朋友参考：

一是树立远大的理想，培养强烈的事业心。一个人有了理想有了生活目标，有了强烈的事业心，就有了孜孜以求的精神毅力。有理想有事业心的青年，就会把精力用在学习上，为将来事业的成功做准备，就不会把爱情问题放在不恰当的位置上。

二是要正常地与异性交往。青年男女之间应自然地、坦率地、友好地进行正常的交往，这样会使你对异性的心理需求得到满足。

三是积极参加文体活动、发展正当的爱好。积极参加有益于身心健康发展的文艺、科技、体育活动，可以使旺盛的精力得到有益的释放，淡化、转移性欲望和性冲动，取得心理上的平衡。

四是避免性的挑逗。要看健康的书报、图片、电影、电视。不要看有性挑逗的东西。现在文学作品和影视屏幕上不乏出现性的描写镜头，青年要尽量逃避。此外，朋友之间说笑不要过多接触性的内容。

五是交友要特别慎重。青年常表现出强烈的友谊感，喜欢交朋友，但这种交友的情感需求往往表现为幼稚和冲动，再加上涉世不深，很容易上当受骗。现在，社会上各种交际场所很多，五花八门，品行不端的人混迹其间，所以稍有不慎就可能犯错误，甚至遗恨终生。

从心理上抛弃痛经的困扰

痛经是指女性经期前后或行经期间，出现下腹部痉挛性疼痛，并伴有全身不适。痛经严重影响日常生活，分原发性和继发性两种。

原发性多见于青年妇女，常随月经初潮发病；继发性多有生殖器官的器质性病变，如盆腔炎、子宫内膜异位症或子宫肿瘤等。

1. 认识痛经症状

痛经主要发生在精神紧张、恐惧、情绪不稳定时。精神情志因素是发病的重要原因之一，体质虚弱及过度敏感者也易患痛经。如平素情志不遂，郁郁寡欢，或忧思恼怒，又因临行经前或经期中，经血流行不利，发展为痛经。

若经前期伤于情感，则痛经更甚。如何判断痛经的程度呢？以下测试供参考：

（1）程度测试

自己算算经期及其前后症状及表现分数（基础分10分），腹痛难忍2分，腹痛明显1分，坐卧不宁2分，休克4分，面色苍白1分，冷汗淋漓2分，四肢厥冷2分，需卧床休息2分，影响工作学习2分，伴腰部酸痛1分，恶心呕吐1分，伴肛门附胀1分，用一般止痛措施疼痛暂缓1分，用一般止痛措施不缓解2分，疼痛一天以内1分，疼痛期每增1天加2分。

（2）结果分析

轻度一级：积分为10分至14分。此类疼痛可通过心理、饮食的调节缓解，适当饮用姜水、红糖水、玫瑰花茶可达到缓解疼痛的作用。

中度二级：积分为16分至24分。此类疼痛可适当选择药物治疗，采用温和有效的中药产品对身体进行调理是一种很健康的方式。中医学在原发性痛经方面积累了丰富的治疗经验，目前市面上具有温经活血化瘀作用的中药选择较多，但是缺乏专业治疗生理痛的中药。

重度三级：积分为26分至30分。目前的生理疼痛已经达到了严重的程度。对于年轻女孩而言，重度生理疼痛不仅影响学习，对身体发育也有严重影响。对于成熟的女性而言，重度生理疼痛有可能诱发不孕症、盆腔炎、子宫内膜异位症等妇科疾病。应及时到医院查明引起痛经的原因，在医师指导下进行治疗。

如果可以准确判断你的疼痛程度，就可以很快找到健康的、适当的治疗方式。此外，无论身体是否已触及疼痛的警戒线，都应随时调整自己的不良情绪，使自己从容地面对生活压力，是减少生理疼痛的必要环节。

2. 避免痛经方法

针对痛经这个问题，很多女性都会陷入一些误区，以下就是几种常见的误区，应该尽量避免。

（1）凭经验吃药

有些少女经常根据原发痛经时的经验或朋友的经验服药。实际上，引起痛经的原因非常复杂，无论是原发性痛经，还是继发性痛经，都应该在医生指导下用药。

特别是继发性痛经，是由不同的生殖道器官病变引起的，用药不当，可能酿成大害。即使是同一种生殖器官疾病引起的痛经，也有不同的病因，也可能在用药种类、剂量上有很大的差别，不能一概而论。

（2）自动痊愈

许多少女认为痛经无关紧要，忍一忍就过去了，过一段时间就自然会好。

事实上，原发性痛经没有器质性病变，大部分可能会自然好转、消失。而继发性痛经一般是婚后发生，有明显的器质性病变。不医治原发疾病，痛经不但不会好转，而且会逐渐加重，甚至引起严重的并发症。

总之，少女在青春期要正视面对痛经的困扰，做好适当的心理调适，不要走入对痛经认识的误区。

3. 针对痛经的心理调适

痛经的青年女性不应忽视精神情感因素的作用，除服用药物外，还要保持一个松弛状态，保持舒畅、愉悦心情，可以用语言疏导、听音乐等。

（1）树立月经的正确观念

自从进入青春期，女性便开始出现月经，这是女性性功能发育成熟的标志，但因种种原因，使得一些女性对月经产生了诸如倒霉、肮脏、痛苦等错误观念，并对月经的心理反应不积极，而是充满了不快、烦躁与痛苦等。这些负性心理反应模式增强了对月经期正常生理活动与表现的不适感，提高了痛觉敏感性。

此外，有些女性还可能出现腰酸、下腹坠胀甚至恶心、呕吐。这就要求有痛经史的妇女，特别是未婚的青年女性必须重新认识月经现象，把月经必痛、月经必出现不正常身体反应的错误认识纠正过来。

科学地认识月经现象，把对月经的负担、压力的认识转变为女性发育成熟的光荣，这是女性发育健康的信号，把月经期的羞涩、不安、紧张的情绪反应转变为自豪、坦然、自在的情绪反应。

（2）保持月经期情绪稳定

在月经期保持稳定、愉快的情绪，不仅是防止身体不适与心灵烦恼的心理基础，也是痛经女性减少月经期痛经反应的自我心理调适方法。

一些痛经女性，每当月经来临，烦躁、焦虑不安便成为这一期间的主导心态。其实，这并非是对身体不适与痛苦的心理反应，而是对月经周期本身的条件反射式的心理反应。一旦从条件反射式的负面心态的束缚中解脱出来，将极大地缓解月经期的身体痛苦与心理痛苦，并且可能逐渐消除。

贴心小提示

治疗痛经的中医治疗法有以下几点，现在介绍给大家，供参考：

一是经行体痛。经行关节痛，行经时周身骨节疼痛。药用乌药、川芎、白芷、陈皮、枳壳各10克，干姜、甘草各7克，僵虫、麻黄各6克，生姜3片，葱白1茎，水煎温服，每日1剂，连服6剂。

二是经前腹痛。经前腹痛多系寒凝血滞，常表现为少腹冷痛异常，宜服温里活血化瘀方剂。取当归尾、川芎、赤芍、丹皮、制香附各12克，元胡5克，生地10克，红花、桃仁各4克，水煎服，每日1剂。每次行经前7日开始服用，行经时停服。

三是经后腹痛。行经之后腹痛多系血虚通滞所致，宜补虚通滞。药用党参、白术、醋香附、茯苓、当归、川芎、白芍、生地各12克，炙甘草8克，木香3克，青皮10克，生姜2克，大枣5枚，水煎服，每日1剂。

懂得消除经前紧张综合征

女性经前紧张综合征，是指女性在月经期会出现某种不舒服的感觉以及情绪性的改变。月经来潮后症状迅即消失。这一周期性改变有很大个体差异，也是育龄女性的普遍现象。

女性应正视经前紧张综合征的发生，不要因此而受折磨与困扰，以至于影响到工作、生活、家庭。相信掌握一定的方法适当地进行心理调节，是完全可以减轻并消除这一症状的。

1. 了解经前紧张综合征的原因

患有"经前紧张综合征"的女性,往往会在月经来潮前的一星期之内出现精神紧张、神经过敏、烦躁易怒或忧郁、全身无力、容易疲劳、失眠、头痛、思想不集中等不适症状,在经前的3天之内开始有所加重。当经期过后则症状就会明显减轻,或是完全消失。个别人除了情绪上的变化之外,还会出现手、足、脸浮肿。

（1）水盐潴留

经期紧张综合征的患者在月经周期中醛固酮的分泌量增加,血浆血管紧张素II浓度增高,血管通透性增加使液体外漏,造成水盐潴留而出现水肿、腹胀。

（2）激素影响

由于体内雌激素过多而孕激素不足,导致人体的神经系统对激素的变化非常敏感,月经前激素水平的细微变化,使得雌激素与孕激素平衡失调,会引起周期性腹胀与浮肿,令人出现明显的情绪反应方面的症状。还有人于经前期血催乳素水平升高,从而引起乳房胀痛。

（3）维生素缺乏

维生素A或维生素B缺乏可影响雌激素在肝内的代谢,影响激素平衡,如维生素B6是前列腺素所必需的辅酶,并能抑制泌乳素增加。

（3）心理因素

如果平时的生活或工作过于紧张,容易引起自主神经功能紊乱。在现实生活中,患"经前紧张综合征"的多是平时精神紧张、工作压力大的人。

2. 认识经前紧张综合征的表现

青春期女性出现经前紧张是常常遇到的情况,这时要克制自己,控制紧张情绪,保持乐观、开朗。尽量避免不必要的思想刺激,帮助其度过紧张、焦虑的时刻，饮食上以清谈为原则，多吃蔬菜、水果，多喝开水，增强食欲。合理安排学习和生活，适当锻炼身体，做到劳逸结合。

（1）精神变化

包括情绪、认识及行为方面的改变。最初感到全身乏力、易疲劳、困倦、嗜睡。情绪变化有两种截然不同类型：

一种是精神紧张、身心不安、烦躁、遇事挑剔、易怒，细微琐事就可引起感情冲动，乃至争吵、哭闹，不能自制；另一种则变得没精打采，抑郁不乐、焦虑、忧伤或情绪淡漠，爱孤居独处，不愿与人交往和参加社交活动，注意力不能集中，判断力减弱，甚至偏执妄想，产生自杀意识。

（2）手足水肿

手足、眼睑水肿比较常见，有少数人体重显著增加，平时合身的衣服变得紧窄不适。有的有腹部胀满感，可伴有恶心、呕吐等肠胃功能障碍，偶有肠痉挛。临床经期可出现腹泻、尿频。由于盆腔组织水肿、充血，可有盆腔胀、腰骶部疼痛等症状。

（3）经前头痛

为较常见主诉，多为双侧性，但亦可为单侧头痛，疼痛部位不固定，伴有恶心呕吐，经前几天即可出现，出现经血时达高峰。头痛呈持续性或无诱因性，时发时愈，可能与间歇性颅内水肿有关，易与月经期偏头痛混淆。

后者往往为单侧，在发作前几分钟或几小时出现头晕、恶心等症状。发作时多伴有眼花等视力障碍及恶心、呕吐。可根据头痛部位、症状的严重程度及伴随症状，进行鉴别。

（4）乳房胀痛

经前常有乳房饱满、肿胀及疼痛感，以乳房外侧边缘及乳头部位为重。严重者疼痛可放射至腋窝及肩部，可影响睡眠。

门诊时乳房敏感、触痛，有弥漫性坚实增厚感，有时可触及颗粒结节，但缺乏局限性肿块感觉，经期后完全消失，下一周期又重新出现，但症状及体征的严重程度并不固定不变，一般在2年至3年内虽不经治疗也可自行痊愈。如发生乳腺小叶增生，则可能在整个月经周期有持续性疼痛，经前加剧。门诊可触到扁平、颗粒样较致密的区域，边缘不清，经后也不消退。在月经前后检查对比，可发现肿块大小有较大变化。

（5）其他症状

食欲增加，多数有对甜食的渴求或对一些有盐味的特殊食品的嗜好，有的则厌恶某些特定食物。出现由于血管舒缩运动不稳定的潮热、出汗、头昏、眩晕及心悸。油性皮肤、痤疮、性欲改变。

3. 克服经前紧张综合征的措施

一般来说，大多数经前紧张综合征患者并不会影响到工作和学习，可能会有少数症状较为明显者，在工作或学习时注意力不是很集中，效率比较低。当然，也有极少数患者，她们的生活受到了严重的影响，因此女性朋友还是不要大意，及时治疗才是关键。

（1）缓解水盐潴留现象

在经期前的几天内应该限制食盐的摄入量，尽量食用一些清淡的饭菜。同时最好再服用一些利尿剂，能够起到更加明显的效果，便注意应该在经前10天左右开始服用，直至月经来潮，以排除体内水钠而减轻或消除水肿。此外，服利尿剂期间，要多吃含钾量多的水果。

（2）调节自主神经功能

可长时间服用谷维素，一日3次，一次2片至3片。也可服用维生素B_6。对于症状较为明显的人来说，也可以适当服用一些镇静剂。

（3）注意采用精神疗法

患者应该注意劳逸结合，避免让自己的精神过度紧张，不要让大脑不停地思考，烦恼的事情最好先放一放。同时还要注意早睡早起，早起之后可以到户外慢跑，呼吸一下新鲜空气，晚饭后也可以到安静的地方散一散步。

更重要的是，在为人处世方面培养自己对人、对事宽容，只要不是重大原则问题，不要计较。计较甚至过分计较，于人于己均无好处，而且时常会造成自我伤害。

总之，经期是一个十分特殊的时期，总是会有这样那样的"不速之客"，青春期的女孩们一定要多加注意，学会如何才能打发走这些"不速之客"，让自己健康地成长与发育。

贴心小提示

青少年女性朋友除了要注意经前的紧张综合征以外，卫生清洁也是必不可少的，下面来做几点提示：

女性在经期卫生的主要内容包括：

注意卫生，预防感染。保持阴部的清洁，所使用的卫生巾要柔软、清洁、勤换。经期不宜盆浴，可以淋浴，但要防止上行感染。

注意保暖，避免受寒风袭击。月经期间如因不慎受到突然和过强的冷刺激，可能引起经血过少或痛经情况。

保持良好心情，快乐生活，避免外界刺激。

不宜过劳，不宜吃生冷、酸辣等刺激性食物，多饮开水，注意适当休息等。

第二章　励志求学的心理应变

　　励志求学是一个过程，是一个状态。能够保持一个良好的学习状态对青年人的成长是至关重要的。刻苦求学就是要多读书，爱学习。

　　青年人精力充沛，时间充足，思维敏捷，反应迅速，记忆力好。但同时，青年人阅历短浅，知识储备少，经验不足，能力不强。所以，青年人自身的特点，决定了必须加强学习，自觉学习，如果在学习上没有更大的付出，就不可能脱颖而出，在事业上就不会有大的发展。

　　学习使人睿智，读书增长才干。青年人须知，在通往成功的道路上，只有消除浮躁，脚踏实地，用心学习，全力以赴，才可能筑起事业的丰碑，实现人生的崇高价值！

怎样消除考试恐惧心理

在人的心理世界中,情绪扮演着重要的角色,它像是染色剂,使人的学习、生活染上各种各样的色彩;它又似加速器,使人的学习活动加速或减速地进行。我们需要积极、快乐的情绪,它是获得学习成功的动力。

有些人遇到考试就恐惧害怕,心理极不稳定。其实考试就是将你知道的全部考出来,将自己不知道的全部查出来。考试的结果不与你的惧怕程度成正比,它取决于你努力的程度,要相信自己的实力,每个人可以对自己说:"我今天努力学习,成绩又提高一步。"学会了自我鼓励,就能保持平和的心态,就能找到自信的支点,从而就能以良好的心理去除考试的恐惧。

1. 认识考试恐惧原因

考试是对同学们一段时间学习成绩的一个测验。虽然这只是一次测验,却有相当一部分同学非常害怕考试,对考试有一种"与生俱来"的恐惧感,那么产生学生考试恐惧的原因有哪些呢?

(1)掌握不牢

平时成绩过得去不等于考试没问题。考试要求在规定的时间里完成较多较难的题目，没有扎实的基础及较快的解题速度是办不到的。

如果没有做到心中有数是无法坦然面对考试的，产生紧张是当然的。所以，学生应该扪心自问，平时有没有扎实学习。

（2）动机超强

承受来自外界的压力过重，家庭、老师、集体、社会等，把每场考试看作生死攸关的大事；自己也把考试看得太重，过分的功利思想是造成考试焦虑的原因，如渴望高分，拿奖学金。又如害怕重修或退学。

没有正确看待考试的意义，考试是一种衡量教育教学的指标，分数的高低不是考试的目的。老师和家长往往曲解了考试和学习的关系，表现出对分数的一味追求，显得急功近利。

无论哪一种情况，都使我们对考试期望过高，这势必给自己造成很大的精神压力，分散精力去幻想考试的结果，使自己不能专注于考前的复习准备。

（3）外界干扰

当人们进行思维活动时，突然遇到新异或强烈的刺激，会使原来的思维活动受到抑制。如考场的严肃气氛、监考人员冷峻的表情或生硬的态度，父母的叮咛："你进这所学校不容易，花了很大的代价，这可是人生的关键一搏，事关你个人的前途。"这些都会给考生带来巨大的心理压力，一旦遇到小小的麻烦，情绪越加紧张，促成怯场。

老师和家长会通过排名次等方法刺激学生好好用功，可是心理承受能力低的学生会因此产生焦虑，由于害怕考试的失败而对考试产生恐惧。

（4）缺乏自信

有些考生，尤其是性格较懦弱，多次受过挫折的考生，常常自我怀疑，即使有把握的问题，也显得犹豫不决，不敢相信自己。如果见到陌生题或难题更是诚惶诚恐，乱了方寸。

对以往考试不理想耿耿于怀，总担心这次也考不好。这种担心大大降低了大脑智能，不能有效地复习，使心里更加不踏实。

如果孩子自尊心很强，会因为某次考试失利被老师、家长批评而产生心理阴影，从此对考试失去信心，甚至畏惧考试。

（5）过度兴奋

大脑神经细胞的兴奋性有一定的限度，为了防止大脑神经细胞过度受损，大脑会自动转入抑制，阻止回忆活动。有些考生考前开夜车，用脑过度，睡眠不足，加上心理紧张，引起回忆反应暂时抑制，造成怯场。

考前没有休息好，过度劳累。考试之前孩子需要充足的休息，开夜车是非常耗费体力的学习方法。有时候休息不够也会导致考试时大脑疲劳、反应迟钝，影响考试结果。

2. 调控情绪的方法

学生面临人生的关键时刻，是尽全力拼搏的年段，考试更是对学生综合素质的考验。要在这知识覆盖面广，注重考查能力的选拔性考试中取胜，唯有全面提高素质。

在打好知识基础的同时，注重自我心理调节，以踏实准备这个不变，来应付高考复杂的多变。以良好的情绪投入下阶段复习，从而提高复习效率，那么应该怎样来调控好自己的情绪呢？

（1）情感乐观，思维活跃

有人说：情绪是思维的催化剂，思维能力可以通过情绪的调节而显示出更高的效应，人也会因此显得更聪明、更能干。积极的情绪可使人精神振奋、想象丰富、思维敏捷、富有信心。消极的情绪则使人感到学习枯燥无味、想象贫乏、思维迟钝、心灰意懒。

儿童在情绪良好情况下平均智商为105，但在紧张状态下却降至91，两者相差十分显著。因而我们高高兴兴地学和愁眉苦脸地学，效果大不一样。心情高兴时，会增强学习的信心和兴趣，产生学习新知识的强烈愿望，会感到大脑像海绵吸水一样，比较容易把知识"吸"进去。而烦恼、焦虑、愁闷、恐惧时，会降低学习的愿望和兴趣，抑制思维活动，从而影响智力发展。

（2）适度焦虑，激发动机

有些同学因前阶段的成绩不理想而担忧，害怕看到家长失望的目光，眼看离高考越来越近，心里一点儿底也没有，虽然天天挑灯夜战至深夜，但效率不高，睡眠质量不高，常做噩梦，第二天头脑昏昏沉沉的。看来过重的学习负担、心理压力、家长和社会过高的期望已使这些同学的情绪处于过分焦虑状态。

焦虑，指对个人的自尊心构成威胁的情境产生的担忧反应或反应倾向。其实学习需要一定程度的焦虑，心理学实验表明：焦虑水平与学习成绩呈倒"U"形关系。

无焦虑或焦虑水平过低，学习无紧迫感，对什么都无所谓，肯定学不好；而焦虑水平过高，人的精神极度紧张，又会影响正常的思维；只有处于中等焦虑水平的同学激发内在的学习动机，变压力为动力，学习效果最好。这就提醒我们要调控情绪，使之保持适度焦虑，客观地认识自我，在学习中扬长避短，讲究学习方法，为实现理想的目标坚持不懈地奋进、拼搏。

（3）积极暗示，挖掘潜能

消除过分焦虑可进行积极的心理暗示，大家都有这样的体会，一个人总是沉浸在不愉快的回忆中或满脑子都在想我怎么学不好、记不住时，情绪肯定低落、焦虑,且效率不高。因为这种心态不利于大脑正常发挥作用。

同学们要学会自我调节,当你坐在书桌前开始学习时,脑海中先浮现出令你最自豪、最愉快的画面一分钟,并在心中默念三遍"考试前我一定能复习好""我绝对有能力学习好",然后充满信心、精神振奋地投入学习,不妨试试,会有明显的效果。

因为在我们每位同学的心中都有一颗成功的种子,也许有的还在休眠,快些把它唤醒,它会把你带到成功的高峰。积极的自我心理暗示有助于增强自信、排除焦虑,充分挖掘潜能,提高复习效率。

3. 克服考试恐惧的要诀

焦虑情绪是影响考试成功的最重要的心理因素之一。考试焦虑是一种负性情感状态,能给人带来不愉快甚至是痛苦的情绪体验。

过度的焦虑会使大脑处于抑制状态,导致注意力的分散和记忆力的减退,严重干扰逻辑思维的过程,影响水平的发挥。

(1) 择要复习

考前复习要有所侧重,只要检查一下重点内容是否基本弄清就可以了。所谓重点:一是老师明确指定和反复强调的重点内容;二是自己最薄弱、经常出错的地方。如确认这些方面已没有问题,就可以安下心来,并反复暗示自己"复习很充分,一定会考好的"。

此时,家长要留意观察,如发现考生过于紧张,说明其自信心不足,家长要给予鼓励,巧妙暗示考生,你一定会考好的。只有让考生在十分自信的竞技状态下,才能充分发挥自己的水平。

(2) 睡眠充足

在有了信心之后,考试前夕的休息十分重要,切莫在考试前夜以牺牲睡眠时间去复习，这是得不偿失的。曾有一位考生高考前夜仍看书复习到深夜，总觉得没有把握，由于过于紧张和疲劳，影响了她第二天的考试，化学本来是弱项，考砸了，心里更慌，晚上饭也没吃，又疲倦地复习至深夜，加之家长不断讲："这是人生的关键一搏，可不能大意。"种种压力导致这位学生考前几乎虚脱，严重地影响了正常水平的发挥。因此临考前夕，要尽情放松，看看花草散散步，减轻心理紧张度，听听音乐愉悦心情，打打球调剂大脑，早些休息，一定要避免思考过多，精疲力竭。

同时家长要尽量为考生创造一种和谐、轻松、愉悦、安静的家庭氛围，不要用言语刺激考生，给予积极暗示："你行，一定行！"让考生充满自信地步入考场，因为自信是成功的第一要素。

（3）准时用餐

要有充足的用餐时间，最好在考前一个半小时用餐完毕。否则会因过多血液用于消化系统，使大脑相对缺血，影响大脑功能的发挥。饭菜要清淡卫生，可选用高维生素、高热量的食物。

（4）欣赏音乐

出门前10分钟听段欢快活泼的轻音乐，既可使人心情愉快，又可活跃思维。还可一面欣赏音乐一面检查准考证、文具用品等是否带全。

（5）适时到校

一般在考前20分钟到达为宜。太早了，遇到偶发事件的可能性增大，极易破坏良好的心态。过迟，来不及安心定神，进入考试角色的心理准备时间太短，有可能导致整场考试在慌乱中度过，造成不必要的失误。

（6）缓行忌谈

在赴考场的路上，行速要慢，以免加速心跳，导致情绪紧张。进入考场前不要高谈阔论，也不要与人交谈复习讨论题目，以免原来胸有成竹的良好感觉一扫而光。考完后不要校对答案，千万不可以一题之小换心理情绪之大失。

（7）先易后难

拿到试卷后，通览一遍，做到心中有数。即使看到暂时不会做的题目也不要慌，因为高考是选拔性考试，试题会有一定的区分度。先做易解的题，这是应试技巧，更是增强信心的心理调适方法，每解一题便会增加一份自信。待思路流畅后再做难题，人难我难我不畏难，你感觉难时别人更是无从下手，这样想想心理会平静很多，利于提高士气，正常发挥。

引导考生正确看待考试的意义，不要过分把个人前途和一两次考试的结果联系起来，要允许孩子犯错误，给他们犯错误的机会。要让考生知道，考试中随机因素很多，就算平时准备了很久也会因为各种意想不到的原因改变自己对考试的预期。

所以，考试不是一锤定音的评测方式，一次考砸了没关系。要疏导考生把考试结果看淡，重视学习本身的意义，加强自信心，要用坚不可摧的毅力支撑自己。

总之，遇到紧张的情绪马上记录下来，再想办法让自己镇定，用各种方法缓解想象中的紧张，等到所有经历过的紧张感被逐一克服后，考试恐惧就会有所减轻了。

贴心小提示

亲爱的考生朋友们，如果你在考试的过程中有考试的恐惧心理，那么，不妨试试以下的小对策：

一是尽早进入迎考状态，考前合理安排作息，科学地组织复习，保持一定的运动；扎扎实实打好基本功，训练解题速度及精确率；考试中，掌握正确的考试方法，做到全面审题，心中有数；先易后难，逐个击破；抓紧时间，尽力纠错。

二是正确对待各种考试，既要积极进取，又不过分苛求。不以成败论英雄，反正不止一次机会。超脱一些，即使这次没考好，还有机会补救，反正天不会塌下来。天生我材必有用，条条大路通罗马，这条路走不通，我们可以踏上另一条成功之路。在考试前，把握好自己的动机强度，就能够排除杂念，坦然应考。

三是正确对待"临场慌"，心理学研究表明，保持适度的紧张，有利于学习和工作，有利于促进效率的提高。既然如此，我们考前完全可以更舒展一点，顺其自然，为所当为。

四是进行积极自我暗示，如考前深呼吸、听音乐、默想自己顺利答卷的情景等，都可以起到调节情绪的作用，达到自我激励的目的。

五是考察了解考场环境，这些不起眼的准备，会有预想不到的"定心"效果。同学们在漫长的人生道路上各种考试数不胜数，只要我们做好准备，充满信心，调整状态，就能够赢得一个个胜利！

以良好的调适摒弃厌学心理

从心理学上来看，厌学是指青少年逃避学习的一种心态，是消极地对待学习的不良反应，它主要表现为青少年忽视知识的重要性，行为上主动远离学习。

一般患有厌学症的青少年没有明确的学习目的。从而对学习失去兴趣，上课不认真听讲，老师布置的作业也不按时完成。据调查研究表明，大多数青少年的厌学和他们是否聪明没多大关系。从青少年的表现来看，厌学心理的产生与发展将直接影响他们的学习和成绩，严重的则会影响他们的身心健康。

1. 了解产生厌学心理的原因

厌学的主要原因是青少年在学习过程中的消极表现和自我认识存在偏差，学校、家庭及社会等外在环境的不良影响也会引起青少年消极心理。

厌学症是青少年在学习上受到内外的不良反应而造成的，其中这一现象的青少年的厌学率最高。厌学心理对青少年具有很大的危害性。其主要原因如下：

（1）不正确的学习方法

有的青少年性格要强，过分地追求高分数，于是，花费了大量的时间和精力去学习，希望自己能考出一个好成绩来报答老师和父母。

可事与愿违，由于不正确的学习方法，结果还是事倍功半。由于考试遭受屡次失败，致使青少年对自己的能力耿耿于怀，因此对学习失去了兴趣，从而产生了厌学心理。

（2）过大的学习压力

由于青少年的生理和心理发展不够成熟，学校和家长又给予过高的期望。因此，使青少年承受过大的学习压力，加上时间的紧迫，减少了青少年自由控制的时间，导致青少年不会与别人沟通，把遇到的各方面困难都压抑在自己心里，时间长了形成性格内向，注意力有偏差而导致厌学情绪。

（3）缺乏明确学习目的

青少年本身没有明确的学习目的，造成对学习失去兴趣和信心，于是导致上课注意力不集中，思维反应迟钝，消极的情绪不管做什么事都敷衍了事，做作业时甚至出现抄袭现象；由于对学习失去了兴趣，导致产生叛逆心理和对抗情绪，久而久之，就产生了厌学心理。

（4）家庭和社会的压力

每位家长都希望"望子成龙、望女成凤"。事实上，有很多青少年正是因为有了这些压力而变得厌学。

小华的父母都是高中学校的老师，从小就对她严格管教，对于学习成绩要求很高。进入重点中学后，更是以全国知名大学为高考的目标。

小时候的她迫于父母压力，学习一直较好。但进入青春期后，逐渐有自己的思想，她对父母的要求开始越来越反感，经常和父母发生冲突。为了跟父母"作对"，她慢慢开始讨厌学习，上课走神、功课抄袭，导致成绩一降再降，其父母束手无策。

2．认识厌学的心理表现

青少年的学习障碍大致分为认知障碍和情绪障碍。

认知障碍是指在认知过程中，由于记忆、理解、思维等心理因素的影响，导致学习产生障碍。

情绪障碍是指在学习中由于师生关系、同伴关系及其他关系不融洽，而使学习受到影响。学习障碍是一种存在于青少年中非常普遍的问题，一些学习障碍的背后隐藏的是情绪问题，在心理的表现上也有以下两点：

（1）思想上厌学

在学校学知识，接受老师的教育，是每一个学生应该具备的思想素质。可厌学的学生在思想上不是把学习当成求知的课堂，而是把它看成一种烦恼、负担和精神压力。

他本不愿意学习，但是在家长和老师的督促下又不得不勉强去应付学习，即使人在教室，却心不在焉。这种思想上有厌学心理障碍的学生，是不可能学到较多知识的。

（2）行动上厌学

思想上的厌学必然导致行动上的厌学，而行动上的厌学则主要表现为懒惰。有人曾对一个班级进行调查，全班73人当中，厌学、懒惰的学生占24%。

这些学生的主要表现是：当老师讲课时他没兴趣听，不是在跟别人小声讲话就是在做小动作；当老师向他提问时，他什么也回答不上来；老师布置的作业，他要么找出各种理由进行推诿和拖延，实在推诿不了的就敷衍一下。有的把字写得歪七扭八，浮皮潦草，字迹别人很难看懂，而且漏字、错字的情况也时有发生。

有些学生做作业不善于独立思考，爱抄袭别人的。有的做事时总是无精打采、懒懒散散、拖拖拉拉；做事不积极、不主动、不勤奋。例如，学校的养成教育中提出了"在操场或教学楼内看到杂物要主动捡起"的要求，而许多同学由于懒惰，即使是弯弯腰这样的动作也懒得去做。

学校每周三的大扫除，总有个别行为懒惰的同学溜边或干活时拈轻怕重，其懒惰程度可见一斑。长此以往，便产生了错误的积累，严重地影响了后续学习。

3．明确学习的重要意义

学习可以优化人的心理素质。一个现代社会的新型人才，应该具备诸多方面的良好心理素质，如高尚的品德，超凡的气质，敬业的精神，目标专一的性格，以及坚韧不拔的意志等。这些都可以通过学习来达到。

（1）学习是个人成长的需要

人生来是无知的，成长的过程中需要经历很多的坎坷与挫折，会有很多的困惑和迷茫。

蛇为什么蜕皮？因为它要成长。成长膨胀需要更大的空间，只有在蜕去一层旧皮的束缚之后，才有可能争取更大的空间让它茁壮成长。人类也一样，只有不断地学习，补充新的思想和观念，你才能成长，这样的生命才更有活力，生活也才更有意义。

（2）学习是丰富人生的需要

一个人物质上的贫穷不可怕，可怕的是脑袋里的贫穷。没有学习的人生如同干涸的沙漠，生命里寻找不到一丝绿色，是一望无际的贫瘠与荒凉。

学习的真正意义，是为了丰富自己，提高人生的境界。

（3）学习是实现理想的途径

理想的实现不能依靠幻想，而是实实在在的努力，学习就起到了至关重要的作用。正是老师在上数学课时讲解"哥德巴赫猜想"的意义与价值，激起了陈景润强烈的求知欲，使他数十年始终不渝地攀登这一数学高峰。

因此，学习不仅仅是为了让你获得某种劳动手段，更重要的是为你的个人发展提供了一个良好的平台。

只有正确认识了学习，才会对学习产生动力，从此不会对学习产生困惑，产生犹豫。在知识的海洋上，自古以来就是以苦作舟，苦不堪言。但是学习的乐趣更是用笔墨无法描述的。没有苦，哪有乐，这都是相对的。我们要正确对待这种辩证关系，在无涯的学海中尽兴遨游。

贴心小提示

亲爱的朋友们，正如萨克雷所言："读书能够开导灵魂，提高和强化人格，激发人们的美好志向，读书能够增长才智和陶冶心灵。"如果你有厌学的情绪，不如试试以下的方法：

坚持读书或者学习一会儿。通常这个手段在开始读书或者学习的时候比较奏效，如果你想去看书，却发现很难静下来，那么就逼着自己坐下来看一会儿。通常在5分钟至10分钟之后就进入状态，不会想站起来了。如果是在学习了一段时间之后，那么这个手段可能并没有那么好的效果。

喝杯冰水，让自己冷静下来。通常在头脑发热，或者心里烦躁的时候，冰水就会有它的功效了。这种方法一般来说还是比较奏效的。其实还有一种类似的手段，就是尽量让自己在稍微冷的环境下学习，人可以保持清醒，另外这种教室通常比较安静，因为人少，不过，注意防止感冒。

浮躁之心是学习中的大敌

浮躁是指缺乏沉稳、见异思迁、心境急躁、办事不踏实，不善于控制自己的情绪。

一般来说，浮躁分为三类：对目标的专注度不够，对目标的耐心度不足以及现有的目标不切实际。青少年存在浮躁心理程度各不相同。从内心来说，浮躁者没有实实在在的艰苦奋斗精神，总抱着侥幸心理期望成功等。浮躁是学习上的大敌，青少年一定要学会摆脱浮躁。

1. 了解浮躁的原因

浮躁是一种情绪表现，更是一种不可取代的生活态度。自古以来，我国的历史文化一直教人们为人处世要沉稳、含蓄，心平气和、不急不躁。

其实，在传统的文化中，上一辈人都在劝告下一代要戒骄戒躁。就像

《论语》中所说的:"欲速则不达,见小利则大事不成。"还有"小不忍,则乱大谋""三思而后行"等。

浮躁现在已成为一些青少年的心理通病之一,他们对前途盲目,对做任何事缺乏思考和计划;学习时心神不定、缺乏恒心及毅力。比如,有的青少年看到歌星能挣大钱,就盲目地想当歌星;看到著名的作家,又想当作家,就这样整天浮想联翩,但又不愿付出行动。还有的青少年爱好转换太快,不管做什么事都忽冷忽热的,今天学弹琴,明天学吉他,三天打鱼两天晒网,最终一事无成。

以下原因可能会造成青少年的浮躁:

(1)环境影响

在不断更新的现代社会里,很多父母都处于矛盾甚至无法适应状态。于是,就表现出心神不定、急功近利等急躁的心态,这种不良心理往往直接影响到孩子们的身心健康。

青少年对自己的期望值过高,在班级激烈竞争的氛围中,心中定的目标不是太明确。于是就容易出现心神不宁、迫不及待、烦躁不安。

(2)遗传基因

心理学家研究表明,性格好强而头脑不灵活的青少年容易产生急躁,沉不住气,做事好冲动,注意力不集中。

(3)自身表现

攀比心理也是产生浮躁心理的直接原因。有句俗话说"人比人,气死人"。在心理上经常和别的同学攀比,造成对学习环境不适应,对自己现有的状态不满足,于是浮躁的心理就油然而生。

在茂密的树林里,有两只小鸟,一只叫麻雀,一只叫啄木鸟。它们俩在树林里寻找食物。麻雀站在树枝上"叽叽喳喳"地叫个不停,它从这棵树上飞到那棵树上,东瞅瞅、西看看,一条虫子也没有找到,饿得在树上直发慌。

而聪明的啄木鸟默默无言地跟在喜鹊的后面,一旦发现树有病了,就停下来专心致志地寻找,直到找到虫子为止。

最后,麻雀因为浮躁饿了肚皮,啄木鸟因为认真专一有了收获。现有好多青少年像麻雀那样,好急功近利,最终却一无所获。

2. 认识浮躁的表现

在我们的心灵深处,总有一种力量使我们茫然不安,让我们无法宁静,这种力量叫浮躁。浮躁就是心浮气躁,是成功、幸福和快乐最大的敌人。

从某种意义上讲,浮躁不仅是人生最大的敌人,而且还是各种心理疾病的根源,它的表现形式呈现多样性,已渗透到我们的日常生活和工作中。浮躁的表现有以下几点:

(1) 似懂非懂

自认为懂了,学习过程即告停止。真正的懂要做到:清晰地理解每个知识点的经脉,做题熟练化,能举一反三。

很多学生在看书的时候,往往如蜻蜓点水,轻描淡写翻几页就算是看过了,无法深入。

(2) 自以为是

很多学生在自认为学会的情况下,遇到自认为会做的题目,要么做不出来,要么做出来不能得满分。

具体有以下两种表现:一是自以为会了,其实没有真会;二是真的会了,但浮躁严重,得不了分。

（3）急于动手

学生很多时候看到题目，没有仔细审题，就急于动手，所以经常出现题目看不透、条件没有看全就开始做题。这种情况做对的可能就很小了。等到题目做错了，才恍然大悟：有个条件没看清楚。

做题目的时候，先写出明确的已知，求证或求解，然后再做题目是一种比较好的解题习惯。

（4）马马虎虎

很多同学总是急匆匆地把题目做完就交上去了，让他检查，他就根本检查不下去，有些很明显的问题，本来应该一眼就可以看出来，但他盯着看半天都看不到问题。

不检查就上交是浮躁最典型的表现之一。学生做完题目后，耐心已经达到极点，最想的事情就是赶紧交上去万事大吉。

这种浮躁心态是学习的大敌，如果不彻底解决，学习永远不会好。

3. 克服浮躁的方法

著名音乐家傅聪曾在英国留学时，有一段时间感到莫名的烦躁，始终静不下心来学习。

他的父亲得知情况后，给他写了一封信，信中有这样一句话："要经得住外界花花绿绿的诱惑，要沉下心来，坐得住冷板凳，才能保证心灵的畅通无阻，才能让知识记在内心，印在脑海。"

如今，青少年浮躁心理是一种情绪冲动和盲目相交的心理病态，这种现象与艰苦学习、脚踏实地、励精图治、公平竞争是刚好相反的。青少年有浮躁心理是一种不健康的表现，这对青少年的身心健康有很大的危害。

它不仅会使青少年失去对自我的明确定位，还容易让青少年随波逐流、盲目行动。因为它可能导致青少年为了侥幸成功而铤而走险，最终掉进犯罪的深渊。因此，对此表现必须给予及时的克服。

青少年在攀比时一定要知己知彼。俗话说"有比较才有鉴别"。比较就是人们获得自我认识的重要方式，然而比较要做到知己知彼，只有知己知彼了才能清楚自己的优势和短处。

（1）调节好心理状态

心情不好或为学习而烦躁时，可以放一曲优美、舒缓的音乐，来减轻心理上的负担，等心情平静下来了，可以全身心地投入学习中。这样，就会心无杂念，专注学习，慢慢地浮躁的心理自然就会消失。

（2）遇事要善于思考

考虑问题时要从现实情况出以，最好不要跟着感觉走，目标要切合实际，在实践的过程中要有坚强的意志，从而走向成功的阶梯。

青少年需要明白的是：学习就是为了改变，正所谓学而后变。如果只是掌握了一些学习的理论和方法，而行为和思维方式没有得到丝毫的变化，这只能说是完成了学习的过程。

如果不懂这些，以后走出学校，会很难适应外界环境。学习就是为了让我们养成正确的生活态度，我们应该通过学习来改善自我，超越自我。

贴心小提示

亲爱的朋友们，如何克服学习中的浮躁来使得我们的身心健康更好地发展呢？

下面几点，仅供参考：

认识到自己的缺点本身就是一种进步。

调整心态，急躁是自己跟自己过不去。

基础不扎实，走不好就想跑，所以急躁。

方法总比问题多。

超过你的暗中设定的对手，比他肯下功夫。

善于掌握良好的学习方法

学习是青少年的首要任务，是吸取知识、提高情操、奠定未来发展前景的重要基石。善于掌握良好的学习方法对于提高学习成效、增强学习兴趣，以及促进自我发展具有重要的意义。

爱因斯坦有句名言："兴趣是最好的老师。"兴趣是个体以特定的事物、活动及人为对象，所产生的积极的和带有倾向性、选择性的态度和情绪。对事物拥有一定的兴趣，就能激发出向前奋进的强大动力。古人亦云："知之者不如好之者，好之者不如乐之者。"兴趣对学习有着神奇的驱动作用，能变无效为有效，化低效为高效。

总之，掌握良好的学习方法，培养专注的精神才能够取得良好的成效，并能够达到事半功倍的作用。

1. 掌握正确学习方法

青少年之所以会对学习产生焦虑还有一个最大的方面就是没有适合自己的学习方法，同样的学习时间，达不到预期的学习效率。青少年要学会寻找正确的学习方法和技巧，让自己的学习事半功倍。

（1）多动脑思考

有句古话叫作"学而不思则罔"，也就是说，如果只顾埋头苦学，却不懂得去思考其中的道理，那么你就将一知半解，迷惑而不知所向。这样就很难做到融会贯通，触类旁通，当然不会取得好的效果。

多思考，善于思考，就是要注意知识前后的联系，通过理解知识而掌握知识。这不同于死记硬背的机械性学习，它是一种意义的学习，相对更牢固，更不容易忘记，并且有助于学生进行知识联想，在以后的学习中举一反三。

（2）多质疑发问

如果遇到疑问，要敢于质疑。俗话说，小疑则小进，大疑则大进。如果一味地囫囵吞枣，不去咀嚼消化的话，那么就不会有能力的提高。只知其然，不知其所以然，那么知识就不会变成自己的。因此，要学会质疑，不能做思想上的懒汉。也许因为你的质疑，世上就多了一个新发现。

不但要学会质疑，还要学会发问。所谓学问，就是有学有问。只学不问，无异于闭门造车，因为学习本身是离不开发问的。

可能你的胆子比较小，怕别人笑话你，说你笨，或者担心这个问题问了会很傻，甚至担心老师不耐烦……这种种顾虑让你望而却步。

其实，勇于发问的人是值得人学习的。向不如自己的人请教都不是羞耻的事情，更何况是向老师请教呢？并且，老师根本的职责就是传道、授业、解惑。所以，当你有不懂的地方，勇敢地举起你的手！不懂装懂，羞于问人，这样只能害了自己。

（3）多进行复习

很多同学都有这样的感觉，今天学过了，第二天就会忘记了。这是由我们的自身生理特点决定的，但是如果学会在学习过程中有重点地复习学过的知识，那么就能增强自己的记忆，巩固以前的知识，同时也能加深自己的理解。这就是所谓的"学而时习之，温故而知新"。

（4）善于练习

学与练是分不开的。没有练习的知识是不牢固的，理论与实际要结合。虽然练习是必需的，但过度练习是大可不必的。所谓善于练习，就是学会利用合理的时间做适当的练习，以求巩固知识。超过一定限度的练习，不但对提高学习没有太大的用处，而且会浪费你大量的学习时间。比如，你已经熟练掌握了某个知识点，就没有必要反复练习。

（5）学会总结

每学习一段过程，要对过去的知识做一个全面系统的总结，使学到的知识系统化、结构化，做到由厚到薄。这样也能促使你寻找到知识间的内在联系，发现规律与差异。另外，还可以对自己的学习方法进行检查，加以调整，以求完善。

如果我们想做好一件事，很重要的一点就是要拥有精锐的工具，具备适当的手段，在学习活动中同样如此。只要根据自身的特点找到一个适合自己的学习方法，做到扬长补短，充分发挥自己的优势，弥补自己的不足之处。你就能顺利、有效地完成学习任务。

掌握一个好的学习方法，还有助于你进入社会之后的学习，现在社会知识的更新日新月异，如不及时充电，完善自己的知识结构，你就可能被社会淘汰掉。因此，无论什么时候，首先要学会如何学习，才能掌握更多的知识，才能有一个好成绩。

2. 培养学习的专注力

注意力是青少年的学习基石。所以，青少年保持良好的注意力是学习知识的关键步骤之一，它是大脑皮层进行感知事物活动的基本条件。在学习的过程中，注意力是打开心灵之窗的门户。如果你的门开得越大，那么，学到的东西就越多。

青少年的注意力是在成长的过程中发展和完善起来的。注意力是知识的门户。如果青少年在学习或上课时注意力不集中。那么，时间长了其他方面的能力都可能会缓慢下来。

注意力集中的青少年，在班级的学习成绩几乎都是靠前的。那些注意力不集中，大多数都是班级靠后的学生。

在一般情况下，注意力会促使人的心理思维向着某一事物传授信息，并集中全部的心理能量来指向该事物。因此，良好的注意力会提高我们工作和学习的效率。只要青少年把自己的注意力集中起来，才能走进知识的宝库中，让知识的阳光沐浴到你的大脑中。

（1）合理安排时间

有些青少年因为学习负担比较重，常常到晚上加班熬夜学习，有的甚至在被窝里打着电筒学至深夜等。这些不良的习惯导致青少年们早晨不能按时起床，就算被迫起来了，头脑也是昏昏沉沉的，打不起精神。这样只会降低学习效率，严重的还会影响身体健康。

所以青少年要把握好时间，合理地安排学习和作息时间，做到生活学习有规律、有计划。让充足的睡眠保持你良好的精神状态，提高白天的学习效率。

（2）明确学习目的

青少年明确自己的学习及奋斗的目标，并通过自己的努力而达成目标。当真正知道了学习的目的和意义后，心理就会建立起强烈的责任感，就会把学习看成自己的首要任务，然而，从积极的心态就会集中注意力认真学习了。

（3）学会自我减压

由于青少年承担着学习的重任，所以，无形中在心理上就会有一种压力，造成心里紧张、烦躁。因此，遇到这情况的青少年要学会自我减压，不要把学习成绩的好坏看得太重。相信一分耕耘一分收获，只要平常付出努力了，必然会有好的回报。

（4）培养学习兴趣

注意与兴趣是孪生姐妹。青少年一旦对某件事情产生了兴趣，就会集中注意力、专心致志地把它做好。如果有了浓厚的兴趣就会在大脑皮层上形成兴奋，此时，注意力就会高度集中。

如果青少年做到这一点，就会对所学的内容产生直接的兴趣，因此，他们就会主动调整自己的心态。

（5）训练注意力

青少年在玩游戏、学习及做家务时，要尽量做到有目的、有意识、有始有终，这对培养注意力是十分重要的。如我国著名的数学家杨乐、张广厚，在上学的时候曾采用快速做习题的办法，来严格训练自己集中注意力。

还有一种好的学习方法就是青少年要经常下棋，并带有比赛性质，用来培养独立思考及独立解决问题的能力，从而来提高注意力及个人水平。

（6）克服内外干扰

克服内部的干扰，尽量避免环境因素的影响来分散其注意力。要做到劳逸结合，保持充足的睡眠，避免用脑过度。注意改换一下学习方法或学习内容，还要注意培养正确的思想和情感，克服外部环境的干扰，要尽量为自己创造一个安静的学习环境。如把书桌上的杂志或报纸等与学习无关的东西都拿走，还要有意识地锻炼自己坚强的意志，培养闹中求静的本领，来提高学习的注意能力。

贴心小提示

亲爱的朋友们，如果你对学习有了厌烦心理，并且失去了学习的积极性，那么就来试试以下的方法吧！

一是锥形学习法。也就是把学习比作一个锥子，知识的精度比作锥尖，集中的精力和努力则比作锥子的作用力，时间的连续性则是不停顿地使锥子向前钻进。也就是说，对于有一定基础的人，如果肯下大功夫，来一次猛攻，那么很快就可以把任何一门学问掌握住。这其实就是一个集中强化学习的过程。

二是螺旋学习法。这种学习方法是说，首先，以某一学科的基本概念、公式或者某个实验现象为中心，通过大量地查阅相关资料，学习并掌握与中心内容相关的那些基础知识，这是第一个循环。在这个循环过程中，会遇到一些新的问题和疑问。然后再以此为起点，进行进一步的学习，这是第二个循环。以此类推，往上循环下去。

三是群体学习法。所谓群体学习法是自发成立一些兴趣爱好相同的学习小组，然后大家在小组内共同学习，共同进步。由于小组成员志趣相投，又自愿加入，因此每个人都能有很高的积极主动性。而且，在小组成员对老师所讲知识的辩论与讨论中，每个人对知识的理解能力都会加深，还可以消除个人的思维定式，有利于小组成员调整思路，避免走弯路。

四是快速学习法。大家应该都有这样的感觉，一件事情如果给大家讲的遍数多了，你的印象就很深刻，想忘都忘不了。其实，这个道理也可以用在学习上。如果你把教材分为几部分，然后择其一自我讲授。讲完后，打开课本，进行第一次阅读并把讲错的地方标志一下，然后你再进行第二次讲授。

这一次，你一定比上次讲得全面又完善，许多模棱两可的地方也变得清晰了。然后进行第二次回顾，接着进行第三次，第四次讲授。在这个过程中，你已经可以完全把书本上的内容刻在脑子里了，这就是快速学习的方法。

五是循环学习法。很多同学学过就忘，甚至有的上课学过，下课就忘。这在某种程度上跟我们的记忆力有关联。但是即使记忆力不好的人也能找到一条途径提高自己的记忆力。

循环学习法就是一个不错的方法。它主要指在学习的过程中采取学习—复习—再复习 的方法。也就是在学习一项内容之后，要花少量的时间对其进行温习，接着再学习下一部分，结束之后再进行一次总复习。以此类推，如此下去，直至学完全部内容。那时你已经将整个内容复习了很多遍了，当然记得很牢固。

有效摆脱偏科的困扰

现代社会迫切需要的是全面的复合型人才，所以青少年要全面发展，不能偏科。这就要求对自己不喜欢的学科更要努力学习，在学习中不断提高兴趣。

解决偏科的问题，首先要找到解决问题的突破口，然后注意了解课程内容的知识体系，选择相应的学习方法。

一般来说，对不喜欢的学科或基础比较薄弱的学科，可以适当降低标准，根据自己的实际情况，确立经过努力完全可以实现的初期目标、中期目标、远期目标，然后按照计划去完成。这是克服偏科现象的有效方法。

1. 了解偏科的原因

偏科是指在学习中不能正确对待各门学科的学习。重视了认为"有用"的学科，而忽视了认为"无用"的学科，善学喜欢的学科，把主要精力集中于这门学科的学习，而忽视其他学科的学习，有的甚至放弃其他学科的学习。

现在偏科现象已到了白热化的程度，尤其是在"学会适用课，走遍天下都能用"这种思想的影响下，偏科现象更为严重了。不过，偏科难免，原因有内在的，也有外在的。

（1）凭兴趣学习

现实生活中，有些学生喜欢数理化，而对语文、历史、地理等学科一筹莫展，而有些学生则恰恰相反，他们喜欢哪一门就只学哪一门，其余不感兴趣的课程就不听，作业也是胡乱做的，如此兴趣用事产生巨大反差，形成偏科的现象。

（2）方法不正确

偏科的一个重要原因是：没有根据不同课程的特点，选择学习方法。有的青少年对某门课程的学习方法不对，学习效果不高，老师教育又不得法，家长也没及时给予帮助，慢慢地就会失去学习的兴趣，造成偏科现象。

（3）教师的影响

有的青少年偏科是由于与教师的关系问题造成的。由于不喜欢某个老师，就会连带着在他的课上不想听，留的作业也不想做，导致这门课的成绩上不去，而最终导致偏科现象的形成。

偏科对每个青少年来说都不陌生，据调查，80%的学生认为自己曾经或现在正在为偏科而烦扰，但这当中却有一半以上的人对于偏科没有一个正确、深入的认识。

（4）心理的影响

产生偏科的原因有很多，其中一个重要因素是心理因素。中学是同学们心理逐渐成熟的阶段，学生们的思维方式正在慢慢地趋于成熟，但是由于性别差异和个体差异，可能有的学生在逻辑和抽象思维方面没有形象思维发展快，导致重文轻理的偏向。

2. 排除偏科的心理

当偏科的学生转变了态度，对弱势科目不再排斥和厌烦，相应产生兴趣的同时，接下来就要在兴趣的基础上用成功激励自己。

如果你对劣势学科的信心还比较脆弱，经不起失败的打击，你可以将目标定得低一点，符合自己的学习实际，然后制订完成任务的计划，坚持下去。

这样，哪怕是一次小测验的进步，也会让你欣喜若狂，增强战胜困难的信心。

解决偏科的问题，首先要找到解决问题的突破口，然后注意了解课程内容的知识体系，选择相应的学习方法，只要有了好的学习方法，就掌握了学习的钥匙，开始进入高效的学习状态。

那么，在克服了偏科的认识问题之后，在学习方法上应该注意些什么呢？

（1）正确认识

面对偏科现象，要有一个正确的认识，认清危害，树立信心。当偏科出现了，有的同学便会信心全失，便会慢慢地放弃，再想补也很难补上去了。

你要记住，学习上的弱科往往会影响整体成绩，会影响其他学科的学习，并给进入更高学府进行学习带来困难。所以，要树立起信心，偏科不是无药可救，主要取决于你学习的态度。

要摈弃好恶，端正学习态度。偏科的重要原因之一就是仅凭自己的兴趣出发。兴趣爱好与否，是出于对某种学科的心理态度。学习不能凭自身的兴趣及和老师的关系而产生学科偏见,这样做是幼稚、糊涂的,也是极为错误的。

如果重视不感兴趣的弱科,对其不抱任何偏见,以"肯学则能学会"的态度致力于这个学科,就能增强学习的动力。

(2)从简单入手

对于偏科的学生来说,在面对这一科目时,要把握从简到难的原则进行学习。因为你在这个科目上基础差,做难题对于你的提高不会有多大帮助,而且会不断地打击你的自信心。

正确的方法是从简单一些的习题入手,牢牢掌握课本上最基础的知识,在对简单的题目完全掌握后,再适当提高题目难度。

要把握好学习不擅长科目的时间,坚持从短至长的原则。凡是不擅长的学科,大都是不感兴趣的。因此,如果一开始你便在差的科目上投入大量时间,必然会倍增烦躁与厌倦。

所以,要制订出一份计划表,给自己订下时间规定,比如说半个小时,到时间后就去改学别的科目。时间一长,对差科的学习兴趣就会逐渐培养起来了。还可以将差的科目夹在强的科目中学,时间同样不要太长,以避免枯燥无味的学习。

如今的网络上有人这么说道:不偏科不成才。但是不得不承认,过分偏科的人在社会上生存有很大的局限性。现在的社会需要的是综合素质全面发展的人才,要想适应社会的发展,必须改正偏科现象。

(3)激发兴趣

学生偏科不是一日造成的,也不是几天就能成功去扭转的,要改变学生偏科的行为,除了要求学生知道其中的利害关系,有意识地去扭转,还需要教师和家长合力去帮助,促进扭转。

偏科生对弱科学习既缺乏兴趣，还有畏难情绪，遇到困难往往知难而退，所以培养学习意志，养成勤学不懈的品质，应是矫正偏科的着力点。

在矫正时，首先应帮学生树立学习弱科的信心，方法就是激发学习弱科的兴趣。

一可用目标激发兴趣。如把学习目标分解，制订阶段性的小目标，刚开始要求放低一点，这样一实现便能激发其再接再厉的勇气，兴趣就会越来越浓厚。

二可用优势引导兴趣。尽量发现学生某方面的优势，以此为"兴奋点"培养兴趣，享受成功的快乐，建立信心。比如，一个学生不爱学英语，但发现该生书写工整娟秀，教师就以此为"兴奋点"激发学生的兴趣。

总之，学生在学习的时候感觉总是没有那么得心应手，因此会在内心对某些学科产生畏难、厌烦、逃避等情感倾向。这一类学生可从情感上下功夫，理清自己学习的头绪，找出自己在学科整体劣势中的局部优势，从优势着手并放大它，从而培养出自己对学科的喜爱之情。

贴心小提示

亲爱的朋友们，如果你被偏科的问题所困扰着，那么就应该培养自己薄弱科目的兴趣，这样才能做到平衡，培养自己的兴趣其实非常简单，给你推荐几种方法：

一是尽量不偏科，各科学习齐头并进，力争门门优秀。

二是一旦发现自己偏科，只是要在偏科学习时提醒自己，把别的学科学好。不要压制所偏的学科，而要设法重视自己忽视或者轻视的学科。

三是在做偏科的题目时要细心，不要因为偏科就破罐破摔。

四是对偏的学科要继续创造条件，让自己有更多的机会去追求，并在追求中不断获得成功，不断巩固兴趣，不断把兴趣倾向转化为志向，同时也要提供一些机会，强化自己较弱学科的学习。

学会消除和缓解学习压力

随着学习的功课越来越多，知识难度逐年加深，当今时代的中学生，学习压力普遍比较大。在压力过重的情况下就容易造成情绪低落，厌倦学习。对此。青少年要学会自我心理调适。要善于用正常的心态正确对待，不要像虐待自己似的整天生活在黑暗之中，让忧郁和烦恼充斥自己的疲惫的心灵。

须知，任何事情都有解决的办法，只要我们学会对症下药，问题就会迎刃而解。

1. 了解学习压力产生的原因

科学的学习方法要求我们要学会给自己减压，因为只有知道如何停止的人才知道如何高速前进。

有过滑雪经历的同学都有这样的感受，滑雪最大的体会就是停不下来。刚开始学滑雪时如果没有请教练，看着别人滑雪会觉得很容易，不就是从山顶滑到山下吗？可事实是如果你穿上滑雪板一下就滑下去结果肯定是从山顶滚到山下，摔很多跟头，因为你根本就不知道怎么停止，怎么保持平衡。

只有反复练习怎么在雪地上、斜坡上停下来，学会了在任何坡上停止、滑行、再停止才叫学会滑雪了，才敢从山顶高速地往山坡下冲，因为只要你想停，一转身就能停下来。

学习也一样，你只有知道了何时放松自己，学会让自己在合适的时间停止，你才算真正会学习。下面，我们就来谈谈如何缓解我们的学习压力。

（1）学习动机

学习压力来源于学习动机，学习动机是将学习愿望转变为学习行为的心理动因，是发动和维持学习行为的内部力量。一般来说，学习愿望是会经常产生的，但并不会立刻转化为动机，只有动机产生后，学习行为才会真正被激发。

心理学上大量实验证明：学习效率与动机强度之间可以描绘成一条倒"U"形曲线，学习效率随着动机强度的不断增强而提高，当达到一定程度后，动机强度再增加，学习效率反而会下降，也就是说中等强度的动机最有利于学习的进行。

这和我们平时所说的"学习上没有压力不行，压力过大也不行"是一个意思。因此，对于那些给自己压力过大的同学，我们自己要学会给自己减压，因为只有保持一种积极而又平和的心态，我们才能健康成长，不仅仅包括我们的学习，还包括我们的人格。

（2）目标过高

设定的目标过高，理想与现实有差距。每个人都有理想，而每个人又都生活在一定的现实条件之中，理想与现实之间总是存在或大或小的差距。理想与现实之间存在的差距是正常的，但如果这种差距太大造成冲突，就容易导致各种心理问题，因此我们在目标的设定上要实事求是，过高过大的目标不仅类似于喊口号，对我们没有现实意义，同时还会给我们造成过大压力。

对于每次考试的结果，我们既要从中找出自己的差距和问题，同时又不能因为一次考试就否定自己，觉得自己不行了。相反我们要在现实的基础上，制订翔实而又可具操作性的目标计划。要有长远目标但重要的是大目标下的短期目标。

比如，我今天需要做什么，需要达到一个怎样的目的，然后是一个星期、一个月。而且需要告诉大家的是：同喜欢和别人比较相比，更重要的是我们需要学会和自己比，学会超越自己，一天进步一点点。

（3）缺乏信念

同一件事情对不同的人会产生不同的影响，这是因为人的认知不同，而我们的很多心理问题大都来源于我们的错误认知，也就是心理学中所讲的。

事事从主观愿望出发，对某一事情认为其必定会发生或不会发生的信念。常喜欢用"必须""应该"等字眼。比如，某些同学对自己要求苛刻，告诉自己：这次考试我必须考全班前5名。如果这个目标切合自身实际倒也无妨，就怕目标过高或因为多方面的原因未达到这个成绩，就会严重受挫。

认为自己一无是处或一味责备他人。比如一次考试失利，我们就认定自己不可以了，以后再也赶不上了等。一次考试就把你打败了吗？人生中还有各种各样的挫折和困难等着你去面对。

（4）外界影响

来自外界的不适当强化，也就是来自家庭、学校和社会方面的压力。家长的"望子成龙""望女成凤"，学校的升学指标以及对学生前途负责的责任心、社会的就业压力等，这些都在无形中给我们造成了极大压力，如果得不到合理宣泄，我们的身心就会遭受极大损害。

2. 认识学习压力的表现

现在竞争特别激烈，当然学生的学习压力就比较大，那就需要化压力为动力，学习是要劳逸结合，要懂得技巧，不能死钻牛角尖，放松自己，适当增加自己的业余爱好，有时间多和同学们交流交流，这样压力就会消失的。

（1）情绪上

在情绪上会表现为容易沮丧低落，经常显得不耐烦，暴躁、易怒；说话冷言冷语，对自己、他人的评价以及对事情的描述都有消极倾向；和家长关系紧张，对父母有抵触情绪或经常与父母发生冲突等。

对老师传授的知识不感兴趣，上课无精打采，注意力不集中，思想开小差，做小动作，破坏课堂纪律，抄作业或不完成作业等。

（2）心理上

害怕考试，对考试表现出明显的焦虑，考前过分紧张，睡不好觉，考试时脑子里一片空白，平时会做的题都忘得一干二净，或发生病理反应；如头晕、肚子疼、容易疲劳、没有食欲等。

因为学习好，对自己总是有很高的要求，总想争第一，稍有失误就痛不欲生；因成绩差而过分自卑，对自己没有信心，经常为自己的成绩或其他方面的不足而苦恼，心理脆弱，有时会因此而离家出走或产生轻生念头。

（3）学习上

学习成绩并不好，却感觉自己一点儿学习压力都没有，说到做不到，也不知道怎么学习，心里很烦。这是学习压力过大的一种另类表现。

在学习上会表现为敷衍、厌烦监督、抱怨、对自己学业过分苛责、对自己没信心等，在考试时会表现出焦虑不安、考前失眠等。

（4）生活上

在生活上会表现为食量大增或很久食欲不振；睡眠质量较差，经常失眠；经常感到不舒服，容易生病，有时还会出现恶心、呕吐等生理反应；已经有较长时间没参加喜爱的体育活动等。

和家长关系紧张，特别厌烦家长督促检查自己的学习，不愿意和家长讨论有关学习的事，对家长提出的成绩及排名要求非常反感并表现出强烈的反抗。

3．克服学习压力的方法

人类最大的乐趣莫过于学习，因此来说，青少年应该以轻松的心情来面对学习，在快乐中学习，在学习中寻找快乐。不要把学习看成一种强大的压力，我们可以发现学习中其实存在着很多的乐趣，能否把学习作为一种需求，一种享受，取决于我们的态度。那么应该怎么样去减压，下面来介绍几种方法：

（1）呼吸法

呼吸并不只有维持生命的作用，吐纳之法还可以清新头脑，熨平纷乱的思绪。所以当你因压力太大而心跳加快时，不妨试着放松身心，做几个深呼吸。

（2）"逃离"法

离开令你紧张的是非之地。站起来，走出教室，到走廊或户外去，换换环境，呼吸点新鲜空气，用几分钟的停顿整理一下思路。

（3）暴力减压法

随身携带一个网球、小橡皮球或是什么别的，遇到压力过大需要宣泄的时候就偷偷地挤一挤、捏一捏，把你心中的压力挤出去。

（4）写作减压法

"把烦恼写出来"，用一张纸、一支笔，将你的压力体验，你生理、心理上的一切烦恼写下来。在写的过程中，你会感到情绪渐渐稳定下来。

（5）香精水疗法

在洗澡水里加入薰衣草、玫瑰、香水、天竺葵等具有镇静身心作用的芳香精油，有助于舒缓压力。水的温度、水流的压力、浮力和气泡群相互撞击能按摩肌肉，使血管扩张，促进血液循环，消除疲劳。

（6）颜色减压法

对付压力的其中一个方法是让自己多接近令人平静的颜色，如绿色和蓝色。这些颜色可以用在你穿的衣服，以及你家的墙壁或摆设上。面对压力期间，避免红色，因为它会让情绪更加低沉。

（7）冥想法

印度瑜伽功经常运用冥想使人达到一种精神境界。找个舒服的姿势坐下来，彻底放松自己，专注于自己的呼吸，一呼一吸。刚开始你也许无法把注意力集中于呼吸上，而会随意地思想，没关系，坚持一段时间就会见到成效。

学生缺乏学习兴趣，学习发生困难大多数不是因为智力问题，而是没有养成良好的学习习惯。对于学习压力大已经明显表现出病态心理和行为的孩子要积极求助于心理咨询和治疗机构。

贴心小提示

亲爱的朋友们，如果你对学习感觉到前所未有的压力，那么就试着学会在学习中寻找到快乐，那么，应该如何找到快乐呢？

想要在学习时收获快乐，首先就应该培养自己浓厚的学习兴趣。没有兴趣，就不会主动去学习。只有让我们快乐的事情，我们才会产生兴趣。通过学习，我们可以掌握未知的东西，是发现的快乐；把学习的知识运用到实际生活中，便是收获的快乐。

此外，一定要养成良好的学习习惯。因为学习是一个积累的过程，一时兴起或者半途而废都不可能会有收获。所以，学习习惯的养成也是一个长期坚持而形成自然的过程。积水成渊，在点点滴滴的积累之中养成良好的学习习惯，一定会取得可人的学习成果。

或许你以前不喜欢学习，上小学时经常逃学旷课，天天以书本为仇，以学习为敌。但当你捧着奖状回家，看到父母脸上的灿烂笑容，听到父母的夸赞时，当你的文章出现在报纸上时，那种无法用语言表达清楚的感觉会让你感受到成功的喜悦，你会感觉到学习是件多么快乐的事。随着年龄的增长，你会渐渐喜欢上学习，因为你越来越体会到学习中所蕴藏着的快乐。

从落榜的阴影中走出来

一年一度的高考、中考过后，有人金榜题名，有人名落孙山，这是必然而又正常的事情。金榜题名固然可喜，但名落孙山也不必太沮丧。要学会调节自己的心理，不要因落榜而背上过于沉重的精神包袱。

须知失败不可怕，大不了从头再来而已，关键在于自己的努力。试想，如此多的人落榜，你又何苦如此自责、沮丧呢！对于落榜，逃避、痛苦是不能解决任何问题的，只有正视失败，勇敢地面对，才能摆脱失败的阴影,走出心理的深渊。

1. 了解落榜后的常见心理

青少年落榜需要社会的支持,尤其是父母的支持,也就是给他们温暖,理智地分析,使他们以平和的心态面对落榜。

可是对青少年来讲,在这个时候奢求父母的爱简直比登山还要难。考试成绩一出来,父母管不住自己的情绪,把所有的埋怨、苦水都撒在考生身上,直至逼考生做出极端的事才后悔莫及。考生落榜,这对他们自身来说就是一个心理打击,也是青春路上必尝的"苦果"之一。

(1) 懊恼

产生这种心理的考生一般是那些平时成绩不错,自信心强,认为金榜题名是预料中的事。然而未能考上理想的大学,而成绩平平的同学却意外地考取了,心里更恨自己当时疏忽大意。失落与困惑的心理油然而生,常常唉声叹气。

(2) 失宠

在面临长期的升学竞争中,为了保证考生进入一所好的学校,家长可以说是想尽一切办法在学习上和生活上给予考生全方位的服务,家长对他们宠爱有加,把全部希望都寄托在他们身上。对于他们的要求,家长几乎是有求必应。在学校,老师也把每个学生当成大学的希望种子来培养。为了一致的目标,家长、老师和学生三位一体,共同拼搏。然而,有些同学在高考中落榜了,家长失望了,老师也失望了。特别是家里,原来给予考生的一切待遇也随之消失了,有些家长还埋怨孩子。面对这种变化,落榜生心里充满了失宠感,进而产生苦闷、失意的心理。

(3) 自卑

在紧张的复习迎考过程中,有不少考生,特别是城镇、市区的考生和平时成绩比较好的考生,他们把竞争成败看得很重,对他们的前途充满了信心。而高考录取分数线一公布,榜上无名的残酷现实使不少考生突然发现落榜已成为自己生活的现实,自己已经成为世人眼中的失败者,自尊心受损。

高考前与同学平起平坐的平等感也随之消失,不思进取之心也渐渐滋生,面对那些"天之骄子"的昔日同学,他们感到高不可攀,自信心渐失,困惑焦虑不堪,自卑感油然而生。

(4)内疚

在求学路上,几乎所有的父母都是费尽了心血,精心为孩子设计营养食谱,不分严寒酷暑接送孩子晚自习,为孩子请家教等。而老师也为了学生的前途,几年如一日,起早贪黑,加班加点。家长、老师所做的一切,使高中毕业生很明白其中的道理,于是他们更加努力学习,以报答父母和老师。

大学不是每个考生都能顺利跨进去的,被淘汰的这些学生,尤其是农村落榜生,特别是那些经济条件差的考生更甚,想起父母每日劳作,节衣缩食来供自己上学,就是希望自己能有出息,而到头来却辜负了他们的一片期望,内心感到十分内疚,感到对不起老师,对不起家长,从而陷入深深的自责。

(5)孤独

在长达10多年的求学生涯中,学生通过勤奋努力,掌握了许多的书本知识,因此而失掉了许多人际交往的机会,身处学校并未发现有何难处。

然而一旦落榜,就是要面对家长、老师之外的许多人和事,由于文化素质的差异,使他们成了一个特殊的群体。与人交往无论是言谈举止还是生活习惯都有别于他人,这都会使他们感到无所适从,孤独心理也由此产生。

面对考生的榜上无名，许多学生会或多或少地产生各种心态问题，考后的心态是否能调整好对他们今后的出路起着决定性作用。

在现实生活中，考生面临着的不仅仅是考试，还有父母的期望、同龄人的竞争，对他们造成的过分压力已远远超过了考试的真正内涵。在这个时候，他们最需要的是父母的安慰、亲朋好友的鼓励、老师的引导，除此之外，就是自身对"波折"的真正理解。

2．走出落榜的心理阴影

青年人应该明确自己的目标，一个小小的挫折又算得上什么打击呢？它只不过是你青春路上的一个小插曲而已。既然落榜已成事实，不必再为此沮丧、懊恼，沉湎于痛苦之中。适当地宣泄落榜带来的情绪，有助于缓解紧张、焦虑的心情，以减轻精神上的压力。

遇到这种情况时，与其让自己整天闷闷不乐，不如与知己、长辈等一吐心中的不快，还可以大哭一场。也可以去外地旅游或从事自己喜好的活动，使高考落榜的烦躁心情在环境的变换中得以好转。

（1）敢于直面现实

每年都有百余万的考生落榜，也就是说他们和你一样不能进入大学校门，如此沮丧、无节制地自我责备是不能解决任何问题的，只有勇敢地面对现实，才有可能摆脱落榜的阴影，走出心理的深渊。

同时，也要正确恰当地评价自己的考试成绩，不抱不切实际的希望和企求，不把幻想当现实，早就应该有考上和落榜两种思想准备，这样想，就会减轻落榜以后对心理的刺激。

（2）正确评价自己

培养自觉的全面性，学会全面、辩证地看问题。既学会全面地看待事物，又要客观地评价自己。不仅要看到阴暗面，而且要看到光明面。

当自己身处挫折中时，不要成为不良情绪的奴隶，要善于用意志控制自己向积极的方向思考。

（3）减轻心理压力

对悲观情绪宣泄是一中减轻负担的有效方法。落榜者心理压力是由情绪紧张波动造成的，因而恰当的宣泄有缓解精神压力的功效。

要找个合适的时间、地点、对象，向朋友、师长倾诉衷肠，如果想哭，就放声大哭一场，或者干脆把苦恼、愤恨统统写在纸上，然后撕个粉碎。家长、亲友都要理解，支持他发泄完不良情绪，自然就平静下来了。

（4）交流思想感情

落榜以后，考生如果感到心情压抑，可以找家里人或亲朋好友把伤脑筋的事向他们诉说一通，也可以对亲友、家长谈出心中的不快，把内心的压抑、不满和隐痛释放出来，以减轻思想负担，达到心理上的平衡。

（5）尽快走出阴影

倘若你总是贬低自己，骂自己无能，再看看镜子中自己的憔悴面容，会越发地责备自己。

这时候，应该放松微笑，勇于承认现状，每天从睁眼开始就对自己说：我今天的心情很不错。还可以把"胜人者智，自胜者强"等能激励自己的话贴在醒目位置上，使自己振作起来。

（6）学会寻求安慰

很多考生认为许多年来，父母对自己寄予厚望，最后榜上无名，感到愧对父母亲人，产生负疚感。总感到自己是最笨的，或最冤的，生怕别人看不起。其实不然，在这种情况下，需要安慰的不只是你自己，还有许许多多，包括你的同学。他们同样心理压力很大，需要得到关心。你如主动与他们交流，与同学通通电话，发发短信，安慰他们，同样，你自己也能得到更多的关心和安慰。

（7）转移注意力

不要对挫折耿耿于怀，因为你越注意就会越强化这种感受。这时，最好找一件你喜欢的事情去做，如约几位相好的同学、知己和亲人到郊区、公园、名胜古迹尽情地游玩一趟。或者积极进行户外活动，如打球、钓鱼等。如果有条件最好能让落榜者外出旅游散心。

当你被曲折的故事、优美的乐曲所吸引，为大自然的美丽而陶醉，或为同学们的欢乐交谈兴奋时，你会忘记忧愁。因为时过境迁，你的心情自然会风平浪静。

（8）制造愉快心境

一个人一生会遇到想象不到的艰难困苦和挫折，平时，就应培养宽阔的胸怀，热爱生活的情趣，增加一点幽默感。一旦遇到挫折，尽管你心事重重，却不言于表。

当然，这是人生长期目标，不能一蹴而就。当前，最需要的就是寻找一种使自己愉快的心境。去旅游、登高望远，敞开胸怀；去学一种乐器，在学习中忘却不快，增添自信与充实生活。通过培养幽默感，形成轻松愉快的心境。

（9）培养生活情操

抑郁的心理会使人产生厌倦懒惰的行为，越是懒于动手做事，心态就越难调节。所以你不妨列出一个学习、工作、生活的日程表，比如，平时都是家长照顾自己，不妨利用这段休息时间帮助家长做点事情。无论大事小事均在其中，并认真去做。一旦成功地做完一项，就自然产生一种成就感，心里就会踏实许多。此外，按照正常的生物钟去工作，也要注意身体健康。

（10）重塑人生信心

培养意志力是对付挫折的一种有效防卫机制。意志越坚强，就越能增强抵御能力，勇敢地重塑人生信心。不少考生受学校、家长和社会的影响，把考场上的竞争看作人生竞争的全部，认为落榜就是自己素质低、没本事，就意味着今后的工作和生活中也不会有什么建树，从而产生自卑。

要把落榜当作对自己的一次考验，要努力使自己振作起来，以必胜的信心和勇气迎接新的挑战和压力。高考落榜生要不怕吃苦，经得起更加严峻的考验。在当前市场经济竞争中，学会用自己的高中文化本领参加适当的工作，边工作边学习，或者先参加工作，再报考成人高考。总之，我们虽然落榜了，但我们前面还有五彩缤纷的希望。

落榜生产生心理问题，是因为考生的目标和结果产生了冲突，从而诱发了挫折感。落榜生应有意识地控制自己波动的情绪，以乐观、坚强的积极态度去面对落榜，使自身的心态保持平衡。

从心理学角度来说，一个人以一种自信、坚强、乐观的精神面貌面对生活，有助于正视挫折与失败，有助于及时调整心态，从失败的阴影中走出来。

贴心小提示

尽管高考落榜生在经历了落榜后的复杂思想斗争后，有相当部分的孩子会抬起头，挺起胸，敢于以平稳的心态、崭新的风貌去迎接新的挑战，但是，也还会有不少考生总走不出落榜的阴影。为此我们为落榜生调整心态提供了几种方法：

一是学会合理宣泄，向你的亲朋好友、师长诉说、表达自己的苦闷，使情感得到抒发，内心的能量得到释放，心理上获得平静。

二是可以写日记，将内心的不悦倾吐在字里行间。有一种更痛快的方法，就是向大自然宣泄，将沮丧的情绪释放到大自然中去。

三是学会心理调节，转移注意力，不要总是想着高考这件事情，通过做其他有益的事情来稳定情绪。找一些你最喜欢的事情去做，你就会忘记忧愁和烦恼。

四是学会自我激励，在人生的旅途上坏事有可能引起好的结果，落榜并不可怕，可怕的是不能正确对待，所以有人说落榜对强者是逗号，对弱者是句号不无道理。

五是正确评价自己，学会全面地看待事物、评价自己，是战胜失败、挫折的重要法宝。不仅要敢于剖析自己，找出不足，而且要善待自我，爱惜生命；不仅要看到事物的阴暗面，而且还要看到光明面。高考落榜不一定是坏事，只要你树立信心，在高考年龄放宽的条件下，来年再考定会取得更好的成绩。

正确克服考前焦虑问题

考前焦虑是许多考生考前都出现过的一种心理现象，它由应考情景引起，主要表现为紧张、忧虑、不安、烦躁等心理情绪。如果这些情绪不注意引导，就可能会出现自信缺乏、行动刻板、记忆受阻、思维呆滞等现象。对此不仅影响考试，而且对自己的心理方面也会产生很大打击。所以青少年要注重这一问题的调适。

1. 了解考前焦虑的原因

考前焦虑症一般是指在考试前所发生的一种过度的精神紧张状态，它可以阻抑考生的认知活动，影响躯体功能。考试焦虑症是因为担心考试受挫而引起的一种心理问题。

考前焦虑出现的原因主要有以下几个方面：

（1）压力过大

主要来源于父母，父母对孩子的期望过高，超过了孩子自身所设定的目标。

（2）不良认知

看到别的同学晚上在"开夜车"，自己不看书，担心成绩不如别人，因此产生焦虑；大部分学生还会认为"运动会浪费看书的时间"，从而减少了运动或几乎不运动。

（3）消极应对

当碰到问题时，经常会抱怨、表达自己焦虑的情绪，或者采取逃避的态度。

（4）自身素质

每个人在成长的过程中，都形成了不同于他人的人格特点，其中很重要的几点就包括我们对外界事物的认知模式、行为模式、情绪反应的快慢强弱。

在认知上对自己期望过高，力求达到超出自己实际能力的既定目标，在情绪上反应敏感，对外界不良刺激的承受能力和调节能力不足，在行为上又过于内向和行为孤僻的学生，在考试（特别是高考、中考）压力下更易出现焦虑症。

考试不仅是智力与知识的竞争，同时也是心理素质的较量，前者是硬件，后者是软件，两者同等重要，平时通过努力获得扎实的知识积累，再加上临阵时的稳定心态，是打好高考、中考之战必要的硬件和软件。

人体在紧张和恐惧时，身体内的应激反应会使肾上腺素的分泌高于正常状态，适度的焦虑具有积极的作用，通过分泌的肾上腺素可以维持人的兴奋性，提高注意力和反应速度，甚至在有些时候还可能促使学生应试时的超水平发挥，也就是我们平常所说的"急中生智"。因此，对考前的适度紧张，不必过分在意，应把它看作一种正常现象。

2. 认识考前焦虑的表现

每个人的自身素质不一样，再加上成长和社会化过程中的外界影响因素不一样。因此，每个人的人格特质也有别于他人，不同的人可能适合做不同的事。只要我们努力了，考出我们平时的成绩就是胜利，不要给自己定过高的目标。

有些考生对自己实力把握不清晰，定的目标过高，那么一旦受到挫折，就会自我质疑，丧失自信心，从而一方面可能导致考前焦虑恐慌，另一方面可能会让考生制订更加不合理的期望与计划，超负荷运转，造成身体上的损害。

（1）情绪症状

如焦虑、烦躁、紧张、易怒、心神不定，或抑郁悲观。这是大多数考生出现的主要症状，甚至有的家长也有类似症状。

（2）生理症状

如头昏头痛，心慌心悸，腹痛，食欲下降，大便不规律，失眠，感到学习效率低下、注意力不集中、记忆力下降等。其中大多数考生都感到疲倦，体力和脑力不足，迫切希望在这关键时刻能达到巅峰状态，高效率地学习。

缺乏自信、行动刻板、记忆受损、思维呆滞，生理上还会表现出血压升高、心率加快、面色发白、冒汗、呼吸加快、大小便频繁等症状，严重的患者还会表现为坐立不安、精神崩溃等症状。

（3）行为症状

如不愿上学，懒于梳理，对父母发脾气，逃避与人交往等，这类属外显的行为症状。

3. 克服考前焦虑的办法

考前焦虑症的表现无疑会影响学生的复习和发挥，并且还有可能威胁到他们的心理健康，那么有什么办法可以克服考前焦虑症呢？心理专家给出以下建议：

（1）正确定位

将自己定位在比较客观的位置上。如果主观愿望与客观现实相差太远会挫伤自信心，产生自卑，导致厌学情绪。将过程与结果分离，即注重奋斗过程，淡化考试结果。只有丢下思想包袱，轻装上阵，才能出奇制胜。

（2）学会倾诉

"与朋友一次促膝谈心，胜过10剂良药。"当焦虑不安时，可以找亲朋好友交谈，倾诉烦恼，特别是与同学交谈，大家有同样的感受，也许他不能帮你解决任何问题，但你可以得到释放心理压力的机会。

也可以通过书写或绘画的方式，把自己的压力写出来或画出来，也不失为一种好的方式。

（3）转移视线

学会适当娱乐，如看书、看电影、参加体育活动、参加社交活动及唱歌、听音乐等，这样可转移注意力，减轻心理压力，使人的精神有效放松。

遭受考前焦虑困扰时，可通过吃大餐、听音乐等奖赏自己的方法，切断考试与焦虑之间的联结；情况严重，可向专职心理医师寻求帮助，借助心理咨询缓解心理压力、减轻心理负担；曾有过严重考试焦虑的考生可在医生的指导下使用心得安或安定类药物，但必须提前用药以了解药物的敏感性和副反应。

（4）学会放松

有两种放松方法：一是深呼吸，放松呼吸就是要使呼吸变得更缓慢、更深入、更均匀。深深地吸一口气，停顿一两秒钟，再慢慢地呼出来，使呼吸每分钟减至7次至10次。放松呼吸能有效地调节心理紧张情绪。二是肌肉放松训练：从手臂开始，再按照头部、颈部、胸部、肩部、腹部、臀部、大小腿、脚趾肌肉的顺序，交替收缩、放松骨骼肌肉，仔细体验肌肉收缩时的紧张感和放松时的温暖感觉，这样每天在学习之余练习几遍，能有效地缓解紧张。

（5）积极暗示

积极暗示能强化自己的信心，消除焦虑。每天穿自己喜欢的装束，并在空闲时间以简短积极的句子反复在心中默念，如"我行，我自信""我进步很大""我喜欢挑战"等，这样坚持一段时间，会潜移默化地改变你的心情。

（6）熟悉环境

预先熟悉考场环境，进出考场与同学同行，穿上充满自信的服装都可以减轻考试焦虑，考试中切忌频频看表，考后不宜与他人对答案。

上述几条方法是针对有考前焦虑表现的学生自身调节提出的，临考前，不少考生紧张焦虑，家长不可受子女情绪的感染而盲目地同悲同乐，不要被子女的情绪控制自身情绪，而应注意随时调整考生的心态。

总之，考生要正视自己的水平，以平常心态面对高考。考生应以自身或相当水平的同学为参照对象，随时肯定自己的进步，满意于自己的变化。相信每天哪怕进步一点点，考试时会有相应的回报，要以平常心态面对考试。

贴心小提示

亲爱的朋友们，如果你有考前恐惧的心理，不妨试试我们为考生量身准备的两点考前去除焦虑的小办法：

一是去除杂念，细心准备。眼下需要找出学科失分的原因，加强复习，细心准备是强化自信心的重要举措。只有在明确自己的优势和劣势之后，扬长避短，争取下次的月考或模拟考考出应有的水平，由此而获得的自信才是健康、有益的。

二是放松身心，寻找乐趣。当情绪极度差时，比如回家情不自禁要哭，可以采取放松疗法、音乐疗法，使其转移注意力，与父母一起散散步，打打羽毛球，达到放松身心，减缓压力的目的。

学习是生活的重要内容，但不是全部内容，有张有弛是必要的，因此需要有适当的调节，有一颗敏感的心善于寻找和发现生活的乐趣。

第三章 人际交往的心理疏通

人际关系是一个人在社会中的重要能力，也是一种十分重要的资源，不仅是日常生活的润滑剂，也是事业成功的催化剂。

正处于青春年华的青年朋友们，思想活跃，精力充沛，兴趣广泛，人际交往的需要极为强烈。他们力图通过人际交往去认识世界，获得友谊和同事之间的交往，满足自己精神上的需要。

但在交往过程中，有的交往顺利，心情舒畅，身体健康。有的交往受挫，心情郁闷，身心受损，产生各种不良的后果。

所以了解人际交往的心理态势，学会与周围的人进行良好的沟通，对于化解人际交往的障碍，营造并维系一个良好的人际关系具有重要的意义。

交朋友是一个交心的过程

交朋友是人际交往的重要内涵。一个真正的好朋友传递着一种友谊，一种互助，一种微笑，一种温暖，不仅可以得到情感的慰藉、心灵的安抚，还可以互相砥砺，相互激发，共同前进。

青年是人生最关键、最重要的时期。在这个时期里，他们往往希望涉足社会，参与社交，寻找真正的朋友和情谊。因此，针对目前青年的交友问题，进行正确的教育和引导有着重要的现实意义。

1. 认识不良交往的危害

青年由于心理上还不成熟，对交往的理解还不是很透彻，这样很容易交到不良友，或者在交往中出现不良的举动。不良的交往不利于青年的身心发展，因此，青年要学会控制不良交往。

（1）制约品德培养

对于青年违法犯罪团伙形成及演变过程，曾有一批专家对其进行粗略分析，从中可以看出很多犯罪的青年的早期教育都存在缺陷，未能及时弥补从而逐步导致不良品德和恶习的形成，并积习难改，进而在不良群体乃至社会交往中学习、模仿违法犯罪，随着个人无政府主义和强烈的占有欲的上升，不断地使违法犯罪思想及行为深化，最终演变成了集体犯罪。

（2）潜移默化的影响

马克思说过："一个人的发展，取决于和他直接或间接进行交往的其他一切人的发展。"极少数在校学生之所以走上违法犯罪道路并恶性发展，与其不良交往息息相关，他们交往越广，交往的伙伴越复杂，交往伙伴的品质越坏，交往活动越频繁，坠入违法犯罪泥坑越迅速，陷入程度也越深。

很显然，一个人的不良交往必然导致思想、感情、行为形成恶性循环，而他们交往对象的类型也决定了他们罪错的类型、性质的严重程度。

在校学生不良交往主要是一般性的不健康娱乐、打闹、游荡、交谈等，其作用主要是提供结伙途径、媒介、对象等。于是他们经常纠合在一起，长期受不良观点和信息的影响，在思想上泛起积淀在心底的观念沉渣，排斥一切健康的东西，片面地探求感官刺激，必然会在行动上有所表现。具体表现为拒绝社会道德、纪律乃至法律规范的约束，继而严重违纪、然后向违法犯罪的方向发展。

2. 远离不良朋友的方法

青年朋友们要知道，一味迁就的友情不是真正的友情，迁就来的友情会让自己很累。所以要在平时的生活中，学会交友，学会选择性地交往良师益友，如果你交往了不良朋友，那么要怎样去面对不良朋友的不合理要求呢？

（1）委婉拒绝

当你拒绝别人时，通常要用最委婉、最温和的方式表达你的不同意见。必要时，要用委婉和坦诚的语气，向对方详细解释不能答应其要求的理由，而不是生硬冷淡地拒绝，因为那样只能伤害并有可能失去朋友。所以，面对这种难题，有时我们不得不使用谢绝的语言。

(2) 巧妙转移

不好正面拒绝时，转移话题也好，另有理由可以，主要是善于利用语气的转折—温和而坚持—绝不会答应，但也不致撕破脸。

(3) 肢体语言

有时开口拒绝对方并不是件容易的事，往往在心中演练多次，所以就要好好运用自己的肢体语言。一般而言，摇头代表否定，别人一看你摇头，就会明白你的意思，之后你就不用再多说了。另外，微笑中断也是一种掩体的暗示，当面对笑容的谈话，突然中断笑容，便暗示着无法认同和拒绝。

类似的肢体语言包括，采取身体倾斜的姿势，目光游移不定，频频看表，心不在焉，但切忌伤对方自尊心，使自己失去一个朋友，而多了一个敌人。

(4) 学会拖延

这里所说的拖延法，并不是让青年对自己已经承诺给别人的事来进行拖延。而是当别人想让你帮忙时，可以暂不给予答复。当对方提出要求，你迟迟没有答应，只是一再表示要研究研究或考虑考虑，那么聪明的对方马上就能了解你是不太愿意答应的。

(5) 借口拒绝

虽然找到借口来谢绝对方是不礼貌的。但是，借口是生活中必不可少的。在许多情况下，要拒绝对方的某一要求而又不便说明理由，也不便向对方说什么道理，不妨寻找恰当的借口，以正当的不至于被对方责怪的理由来逃避对方的要求，这样既解决了问题，也维护了自己的人际关系。

3. 正确交友的要诀

真正的朋友可以与你同甘共苦，不计较利害得失，可以和你谈心；真正的朋友是打不散的朋友，是伤心时最想见的人，是打扰时不用说对不起的人，是帮助时不用说谢谢的人，是步步高升也不会改变称呼的人，是天涯海角都彼此挂念的人。在你难过的时候，朋友会来安慰你，所以，我们要学会怎样去正确地交到良师益友。

（1）建立正确的交友观

青年的交友往往没有原则，没有一个辨别审视的过程，因而容易交上不三不四的朋友。讲哥们儿义气也不是真挚的友谊。朋友之交，贵在知心，真正的友谊要靠忠诚去播种，靠热情去浇灌，靠谅解去护理，靠原则去维护。

另一方面青年学会正确地择友，只有找到真正的挚友，才能使自己取长补短，不断进步，不断完善。

首先，要了解他和你交友的心理是否真诚；其次，要了解他的人品，比如心地善良，言行体现了美好的社会道德规范；最后，要志同道合，可以理解你、支持你。欲他人为之的必先己为之，你要求朋友如此，自己必须要先做到。这样的朋友、友谊理想化了，如同阳春白雪。要达到这种境界，必须不断地完善自我，在完善的过程中建立理想的友谊。

建立在酒肉基础和哥们儿义气上的友谊是最不可靠的，只有患难相济的友谊才是真正的友谊。哥们儿义气是社会的毒瘤，是思想的毒瘤，是犯罪的滋生地，必须将其铲除。

（2）学会辨别交往对象

对方是否真诚，真诚是人与人交流沟通的桥梁，只有以心换心，以诚相待，才能使双方相互同情和理解。建立信任感，进而建立良好的关系，而有的同学帮助别人是图回报，对不同观点不是直抒己见而是口是心非，对朋友的不足和缺点不能诚恳批评，而是当面奉承，背后诽谤，表现得十分虚伪。我们在交往时要留意交往对象真诚与否。

对方会否相互尊重，尊重是一种信息，能够引发人的许多积极情感。缩短相互间的心理距离，而这种信息反馈必然是也为他人尊重。而有的同学只希望别人尊重自己，自己却从来不尊重别人。以自我为中心，不承认他人在交往中的平等地位，这类人是很不值得交往的。

对方会否互相帮助，有的同学不坚持互助互利的原则，在物质上只关心自己，采取一切手段处处想获得自己的利益和好处。甚至自私自利，偷偷摸摸，喜欢占小便宜，经常损害他人的利益；在心理方面只要求别人给予关心、慰问、支持，只关心自己的处境，而不关心别人的悲观情绪，甚至把别人作为自己使唤的工具。我们要懂得，人际交往作为满足双方交往需要的途径，只有在满足双方需要时，其关系才能继续发展。

对方是否宽容，宽容是一种成熟的表现，有助于消除人与人之间的紧张关系。有的同学对别人渴求、挑剔、缺乏热情、没有同情心，不愿帮助他人，不能容忍别人的错误。这样的人自然无法扩大人们之间的交往空间。

总之，在你有困难的时候，朋友会来帮助你；在你快乐的时候，朋友会和你一起分享快乐的喜悦；在你失败的时候，朋友会拉着你继续往前走，这样的朋友才是真正的朋友。

贴心小提示

亲爱的青年朋友们，交友得法，友谊长久，反之，朋友之间的友谊会如同昙花一现，稍纵即逝，下面几点提示，希望大家交到伴随一生的良师益友。

一是倾听朋友的诉说，作为朋友，你要学会倾听，朋友也要分亲疏，虽然都是交际圈中最为友好或可靠的交际对象，但是，人性复杂，与朋友交际，也要深思慎交，分出亲疏。

二是求人要适可而止，人们交朋友，自然离不开人情往来。然而，人还是不可多求。面对鱼龙混杂的社会、变化多端的社会，谁也不能保证自己万事周全不求人，谁也不敢夸口自己终身无危难，因此，人们遇到难处总渴望得到别人帮忙。

三是交际往来要掌握度，过往甚密，反而容易出现裂痕；而把握适中的度，才能使朋友间的友谊成为永恒。不要将朋友理想化，世界上没有两片相同的叶子。

四是正确把握友情与爱情，男女之间除了爱情，应该有友情的一席之地。

五是不追求功利交往，交友互利是人之常情。给朋友留有自由的时空，人们跟朋友交际，是为了友谊，但朋友除你之外还可能另有交际圈。

消除社交恐惧症的心理障碍

社交恐惧症是一种对社交或公开场合感到强烈恐惧或忧虑的心理障碍。从心理学来看，恐惧是有机体企图摆脱、逃避某种情景而又无能为力的情绪体验。青年时期在交往中最容易出现这种恐惧心理，对此应学会克服和消除。

1. 了解社交恐惧症产生的原因

青年在社交时出现的恐惧心理是以自闭、恐惧、焦虑为主的综合心理障碍。它的表现形式是不敢交友、害怕社交的一种自闭心理；有些青年有社交的欲望但得不到满足，因此就会产生焦虑、孤独、害怕面对挫折的恐惧心理。

由此他们开始逃避现实，总是觉得没人注意的地方才是最安全的。其实，社交恐惧的特点是强迫性的恐怖情绪，在心理想象出恐怖的情景来自己吓自己。

青年的社交恐惧是在后天形成的条件反应，它是在学习的过程中而引起的。具体原因如下：

（1）经受挫折

一般青年出现社交恐怖的心理来源于往日的直接创伤经历。他们在交往过程中屡次遭受失败和挫折，就容易在心理上产生沉重的打击，在情绪上产生不愉快的心理表现。时间久了，自然而然就会形成一种紧张、焦急、不安、恐惧等不良的情绪状态。

（2）性格原因

有社交恐惧的青年与不良的性格也有密切关系。像那些有害羞、依赖、胆小心理的青年就容易产生过度的焦虑和紧张，所以，这种类型的青年在交往时就会被个性左右，多思多疑成了他们社交恐惧迅速滋生的土壤。

（3）他人影响

如有的青年看见或听别人说在交往中所遭受的挫折及困境，听后自己就会感到痛苦和害怕。于是就产生情绪紧张、焦虑、恐惧，由于情绪的繁衍化，导致了出现社交恐惧心理。

（4）内心矛盾

青年时期由于性生理的日渐成熟及觉醒，开始对异性充满好奇或好感，于是想接近异性。但由于父母管教太严，也不提倡异性交往。导致青年内心压抑、没有倾诉对象。久而久之，就形成了不协调的心理冲突，不敢与异性对眼神,害怕与别人讲话,上课也不认真听讲,出现忧郁、烦闷的不良情绪表现。

2. 认识社交恐惧症的分类

社交恐惧症主要是由一种害怕心理引起,如害怕见陌生人,害怕难为情,害怕表现自我等,在多年的日常生活、工作、学习中形成的。

(1)一般社交恐惧症

如果青年朋友患了一般社交恐惧症,在任何地方、任何情境中,都会害怕自己成了别人注意的中心,会发现周围每个人都在看着你,观察人的每个小动作,害怕被介绍给陌生人,甚至害怕在公共场所进餐、喝饮料,会尽可能逃避去商场和进餐馆。从不敢和老板、同事或任何人进行争论,捍卫你的权利。

(2)特殊社交恐惧症

如果青年朋友患了特殊社交恐惧症,会对某些特殊的情境或场合特别恐惧。比如,害怕当众发言,当众表演。尽管如此,在别的社交场合,却并不感到恐惧。推销员、演员、教师、音乐演奏家等,经常都会有特殊社交恐惧症。他们在与别人的一般交往中,并没有什么异常,可是当他们需要上台表演,或者当众演讲时,他们会感到极度的恐惧,常常变得结结巴巴,甚至愣在当场。

社交恐惧症患者总是担心会在别人面前出丑,在参加任何社会聚会之前,他们都会感到极度的焦虑。他们会想象自己如何在别人面前出丑。当他们真的和别人在一起的时候,他们会感到更加不自然,甚至说不出一句话。当聚会结束以后,他们会一遍一遍地在脑子里重温刚才的镜头,回顾自己是如何处理每一个细节的,自己应该怎么做才正确。

这两类社交恐惧症都有类似的躯体症状:口干、出汗、心跳剧烈、想上厕所。周围的人可能会看到的症状有：脸红、口吃结巴、轻微颤抖。有时候，患者发现自己呼吸急促、手脚冰凉。最糟糕的结果是患者会进入惊恐状态。

3. 消除社交恐惧症的办法

社交恐惧症的朋友通常对群体的看法都是很负面的，除了几个亲近的人之外，他们很难和外界沟通，这些人无法主动走出自我的世界，也不愿意加入人群。

这些人在人多的地方会觉得不舒服，担心别人注意他们、担心被批评、担心自己格格不入，情况轻微的人还是可以正常生活的，情况严重的话却会造成生活上的障碍，导致无法正常求学或工作，那么该如何正确解决？

（1）树立自信

青年要正确地认识自己，不要拿自己的弱点和别人的优点做比较，过于自尊和盲目自卑都没有必要，只要你明确："我并不比别人差，别人能做到自己照样能做到。"要经常用这种心态来增强自己的自信心，保持一个良好健康的心态，相信自己并敢于面对他人。

（2）改变性格

一般害怕交往的青年大多都是比较内向的，这种类型的青年要注意改变自己的性格。多参加一些有益的公众活动，要积极主动地与同伴或陌生人交往，慢慢地你就会改掉羞怯、恐惧的不良心理，进而使自己成为一个开朗、乐观、豁达的人。

（3）学会交流

青年要把握好时度，在合适的场合充分地展示自己的优点和长处，快乐时与朋友一起分享，不愉快或有困难时向朋友诉说。时间久了你就会体会到友谊的价值。

内向的青年在青春期如果不注意调整心理状态，就会惧怕与人交往，从而引发社交恐惧症。

因此，遇到这种情况，青年应及时端正态度，并尽早纠正不良的人际交往，并不断地给自己鼓励。在此，最需要一提的是，注意训练用大胆而自信的眼光看待别人，为建立自信心打下坚实的基础。

（4）掌握技巧

有社交恐惧心理的青年，要与善于交往的人接触，你可以从他们身上学些有关社交的知识和技巧，来弥补自身的缺点和不足。

总之，有些青年认为社交能力是与生俱来的特质或属性。譬如，一个社交能力高的人天生较外向，善于交际。所谓"江山易改，本性难移"，要改变社交能力的确比移山更为艰难。多数的心理学家并不赞同这种看法。反之，青年认为只要能辨认出可以预测社交能力的因素，便可以设计一些课程来培训这种能力，这并不是绝对的，关键是靠后天的培养。

贴心小提示

我们在生活、学习、工作中，要正视和解决不愿交往、不懂交往、不善交往的问题，塑造自身形象，以积极的态度和行为对待人际交往，建立和谐的人际关系。

一是不否定自己。不断地告诫自己"我是最好的""天生我材必有用"。

二是不苛求自己。能做到什么地步就做到什么地步，只要尽力了，不成功也没关系。

三是不回忆过去。过去的就让它过去，没有什么比现在更重要的了。

四是要善待别人。助人认为快乐之本,在帮助他人时能忘却自己的烦恼,同时也可以证明自己的价值存在。

五是找倾诉对象。有烦恼是一定要说出来的,找个可信赖的人说出自己的烦恼。可能他人无法帮你解决问题,但至少可以让你发泄一下。

六是每天要思考。不断总结自己才能够不断面对新的问题和挑战。

七是要面向众人。让不断过往的人流在眼前经过,试图给人们以微笑。

因此,如果能够克服心理障碍,青年就能够大胆地面对社会,与他人沟通交往,没有必要处处追求十全十美。因此,要善于激励自己,鼓励自己,让自身能够摆脱社交恐惧症状。

摆脱公众场合讲话的恐惧心理

美国的心理学家曾进行过一次有趣的测验,题目是:"你最害怕的是什么?"测验的结果竟然是"死亡"名列第二,而"当众讲话"却名列榜首。有41%的人对在公众面前讲话比做其他事情感到恐惧,可见,在大多数人看来,当众讲话是一件令人害怕的事情。

公众讲话恐惧是属于社交恐惧的一种,很多人都或轻或重地存在这一症状。

主要表现为当众讲话或演讲时,产生一系列躯体症状,如面红耳赤、心跳加速、出汗、口吃,更严重者甚至面部痉挛、舌头僵硬、说不出话。对此,青年人必须设法破除这种心理障碍。

1. 了解产生恐惧的原因

性格内向者易产生公众讲话恐惧，公众讲话恐惧主要发生在性格内向的人群，性格内向者，一般在人群中很少直抒己见，多为专心的听者，缺少在公共场所讲话的练习。

人们在做自己不熟悉的事情的时候总是有些不自信，导致产生公众讲话恐惧。

也有少部分是性格外向者，平时讲话没问题，甚至是个说客，但是真正上台却讲不了话，也往往是缺少公众讲话训练的结果。

（1）家庭环境影响

据有关人士调查，大多数有羞怯心理的青少年，因父母存在羞怯情绪，有时，在别人面前说话或办事表现得畏畏缩缩。

另外，因为父母经常打骂或责备青少年，这样不仅使青少年缺乏交流和亲情，还会让青少年自己认为比别人低一等，由此产生羞怯自卑的心理。

（2）自卑心理作祟

有些自卑心理比较严重的人，往往容易产生公众讲话恐惧。这些人在讲话之前没有自信，认为自己讲得肯定不好，会被别人耻笑，继之产生更为紧张的心理，导致怯场。

青年在成长过程中，学校是一个重要的成长因素。

因为成绩好坏的差异，往往会受老师和同学的批评或责备，时间长了就形成害怕、羞怯的情绪，总觉得自己比别人差，不敢与他人交往，用退缩或逃避的方式来保护自己受伤的心灵。

对现在激烈竞争的社会环境不适应，缺乏特殊的社交技巧，无法进入社交氛围，从而产生羞怯的心理。

（3）过分自信

过度自信也会导致公众讲话恐惧，有些人过度自信，表现在自视甚高，对自己各方面的表现提出非常高的要求，往往要求自己的公众讲话产生轰动的效果，而且没有瑕疵，这种过高的要求，导致自己产生紧张心理，形成另类的公众讲话恐惧。

2. 克服恐惧的措施

恐惧的心理每人都会有，只是轻重不同而已。从心理学角度看，这种恐惧是内心深处的胆怯、自卑、不自信等常见的外在表现。

时间久了，会形成紧张、焦虑、恐惧等不良情绪，这种情绪会潜移默化地影响青年与他人的沟通与交流，使青年得不到健康的成长。

（1）想象法

青年朋友们想象自己走到公众面前、走上讲台，不用说话，环视下面人群，体验紧张的感觉，逐步放松，调整呼吸，达到镇静的状态之后，开始说话。

（2）自信心

青年朋友在人前讲话的恐惧根源，是他们看不到自己的优点和长处，总认为自己无知无能，害怕不能给别人留下好印象。其实，现实生活中，每个人都有自己的优点和缺点。

青年学生要善于发现自己的特长并将其发挥出来。也许在很多时候你需要一些鼓励，一句赞许，就能够大大方方地将自己表现给别人看了。

而朋友、家人、同学，只有他们真真正正地看到了你的长处，才会毫不吝啬地给予你赏识和肯定。所以，只有提高自己的自信心，才能帮助自己真正战胜羞怯心理。

有很多青年学生因为孤陋寡闻、平庸无能，造成与别人没有话可说，并且对自己的成就也不欣赏。

青年也可以试着在某个领域中掌握常人所没有的知识和技巧，那么，自然而然地就会因为自己的一技之长而增加自信心。

（3）小实验

青年朋友们可以在人数不多的公众面前站立，不用说话，体验紧张，到逐步放松平静。

练习自我介绍，直到可以放松地进行自我介绍为止，再进行简短的演讲练习。

（4）多讲话

在较多人群的公众面前，进行讲话练习。直至能自如地进行公众讲话。

（5）找动力

平等、理解、温馨的家庭环境能给青年朋友们足够的勇气和自信。对于有羞怯心理或是易产生羞怯心理的青年学生，应当学会在环境中找动力。

即使家中没有别人家的那般豪华，但你却有比任何人都宠你、爱你的家人；生活在学校中，只要你愿意找，就一定可以找到战胜羞怯的武器，狠下心去和别人说话，与人对视、与人交往。

（6）练技巧

羞怯的青年朋友总是会因为担心别人瞧不起自己而不去交友，由此就不难看出这是自卑心理在作怪。越是这样，青年朋友就越应该尝试着多结交些朋友，尤其是找那些没有羞怯心理的伙伴作为自己学习的榜样。

平常多参加有益的公众活动，当你真正找到自己感兴趣的活动时，就会很容易摆脱羞怯。

第三章　人际交往的心理疏通 | 139

3. 战胜恐惧的注意事项

不敢在人前讲话是青年常见的一种逃避行为，它的表现形式是多种多样的。

在日常生活中，我们会经常看到这种现象：有的人在路上碰到熟人故意躲避；有的人不敢在大庭广众之下讲话，一讲就会手足无措、脸红舌硬，在心理学上都称为怕羞心理。

（1）控制紧张情绪

在练习过程中，不要逃避紧张情绪。如果逃避紧张情绪，就会产生强烈的自我掩饰，会进一步导致当事人过度关注自我，造成更进一步的紧张。

如果当事人不逃避紧张，顺其自然地去体验紧张的感觉，到逐渐放松下来，把关注的焦点从自我转移到听众身上，从而能够自如地进行公众讲话。

（2）学会放松身体

在公众讲话之前，学会利用腹部深呼吸来调整呼吸，减轻紧张情绪；还要学会控制身体语言，如不要双手紧握，不要紧闭双唇等，加强身体语言的练习，会起到更好的放松作用。在练习过程中不要急于取得成功，只求体验感觉，减轻不能失败的心理压力，有助于摆脱紧张情绪。

总之，最终达到轻松自如地进行公众讲话，只要有坚定的信念，用持之以恒的态度，就能战胜恐惧心理。

贴心小提示

亲爱的朋友们，在克服人前讲话恐惧的同时，也要做好在人前讲话的准备，以下就是几点演讲时的注意事项：

一是演讲时的姿势如何，演说时的姿势也会带给听众某种印象，例如堂堂正正或者畏畏缩缩的印象。要让身体放松，反过来说就是不要过度紧张。

过度紧张不但会表现出笨拙僵硬的姿势，而且对于舌头的动作也会造成不良的影响。

二是演讲时忍受大家的注视，当然，并非每位听众都会对你报以善意的眼光。尽管如此，你还是不可以漠视听众的眼光，避开听众的视线来说话。

三是演讲时的脸部表情，演讲时的脸部表情无论好坏都会带给听众极其深刻的印象。紧张、疲劳、喜悦、焦虑等情绪无不清楚地表露在脸上，这是很难由本人的意志来加以控制的。

四是演讲时的声音和腔调，声音和腔调乃是与生俱来的，不可能一朝一夕间有所改善。重要的是让自己的声音清楚地传达给听众。即使是音质不好的人，如果能够坚持自己的主张与信念的话，依旧可以吸引听众的热切关注。

猜忌心理是人际关系的蛀虫

猜忌是指神经过敏，心中产生疑神疑鬼的消极心态。总觉得其他什么事情都会与自己有关，对他人的言行过分敏感、多疑。它是在主观意识上产生的一种不信任的心理。

据心理学研究表明，猜忌是属于偏执型的性格缺陷。

猜忌心理形成之后，一般是比较顽固、任性的，它是导致偏执性格障碍的主谋，所以，青年人必须警惕，不要让自己染上这种心理疾病。

1. 了解产生猜忌的原因

猜忌心理可以是自我怀疑，也可以是怀疑周围的人，这种不良的心理严重影响了青年们的正常生活和学习。

具有多疑心态的青年往往会固执己见，通过自身的想象把生活中无关紧要的事情凑合在一起，把别人无意间的言行举止，误认为是对自己怀有敌意或迫害的心理，在没有足够的证据时就怀疑别人欺骗自己，甚至把别人的好心好意理解为阴谋诡计。于是，导致在人际交往中自掘鸿沟，最终反目成仇。

根据心理调查显示，绝大多数有猜忌心理的青年都是无端生疑，这样不仅在心理上产生更多的猜疑，而且纯粹是心理失衡的极端表现。所以，青年应远离这种不良的心理误区，快乐、自信地面对身边的每一个人，为友谊搭建平稳的桥梁。

（1）经受过挫折

有些青年曾经可能受过别人的欺骗或遭受过挫折，由于经不起沉重的打击，从而不相信任何人，对朋友也失去了应有的信任。

（2）错误的思维

喜欢猜忌的人，总是以某一假想目标为起点，以自己的一套思维方式，依据自己的认识和理解程度进行循环思考。

这种思考从假想目标开始，又回到假想目标上来，如蚕吐丝作茧，把自己包在里面，死死束缚住。

（3）缺乏信任感

一个人对别人越缺乏信任，产生猜忌心理的可能性也就越大。猜忌心理重的人通常也是狭隘自私、自尊心过强、嫉妒心强烈的人。

（4）片面的认识

有些青年由于性格内向，不善于交往，缺乏主观意识。由于自卑心理的原因，常常认为别人对自己不满，怀疑别人背后议论自己等。

（5）与世隔绝

整天待在家里，很少和外人接触，对外面的世界感觉很陌生。因此导致害怕与别人交往，从而产生更多的不信任和戒备心理，这也是产生猜忌心理的原因之一。

2. 克服猜忌的方法

猜忌心理是一种由主观推测而对他人产生不信任感的复杂情绪体验。猜忌心重的人往往整天疑心重重、无中生有，每每看到别人议论什么，就认为人家是在讲自己的坏话。猜忌成癖的人，往往捕风捉影、节外生枝、说三道四、挑起事端，其结果只能是自寻烦恼、害人害己。

猜忌心理是人际关系的蛀虫，既损害正常的人际交往，又影响个人的身心健康。

一位著名的哲学家曾说过：猜疑之心犹如蝙蝠，它总是在黑暗中起飞。这种心情是迷惑人的，又是乱人心智的。它能使人陷入迷惘，混淆敌友，从而破坏人的事业。

在日常生活中，我们常常会碰到一些疑心重重的人。比如，对他说一句问候的话，他也要再三品味"言下之意"；你无意中的一个玩笑，他就会认为你是笑里藏刀、不怀好意；看见两个人小声说话，他就猜忌是在议论自己的缺点等，这些生活中的小细节常常令疑心较重的人左思右想。那种高度的警觉性和冲动的性格，令人不得不敬而远之。

（1）加强自我修养

认识猜忌的危害，加强自身修养。青年要全面认识猜忌的危害及不良后果，然后果断地克服猜忌心理，用宽阔的胸怀，友善的态度与别人交往，你就会得到一生中最重要的东西，即友谊。

（2）抛掉不信任感

青年要用信任的态度驱逐猜忌的心理，慢慢地就会走出心胸狭隘的心理。然后用真诚的心与朋友交往，抛掉偏见和不信任的态度，最终你会赢得真正的友谊。

（3）要树立自信心

青年要相信自己的能力，相信别人能做到的自己也能做到。这样，自己就会全心全意地投入学习和生活中，猜忌的心理自然而然就消失了。

（4）学会正视自我

猜忌的青年常常是因为自己的缺点和不足，青年不要过于把注意力停留在自己的不足之处，要知道这个世界上没有十全十美的人，要做到扬长避短。

总之，青年消除猜忌心理就需要理智地思考问题、积极的自我暗示。不管在任何时候，都要用自信友善的态度与人交往，这样不仅有利于获得别人的尊敬，还会赢得别人的友谊，从而培养开朗、豁达的性格。

贴心小提示

一个人在生活中，遭到别人的非议和流言，与他人产生误会，没什么值得大惊小怪的，在与人交往中少一些猜忌就能关系更加融洽一些，那么如果产生了猜忌我们应该怎么去做？

一是了解原因，猜忌心理产生的原因，往往和消极的暗示有关。

二是认识危害，要认识到无端猜忌的危害及不良后果。

三是自我暗示,心理学家证明,从心理上厌恶它,在观念和行动上也就随心理的变化而放弃它。

四是交换意见,坦率地、诚恳地把猜忌问题提出来,心平气和地谈一谈,只要你以诚相见,襟怀坦白,相信疑团是会解开的。

信任是人际交往的纽带

信任是相信而敢于托付的一种高尚情感,其实也是一种责任。亲人之间需要信任,爱人、朋友、同事、同学同样也都需要信任,信任是人与人之间交往中最基本的条件,是架设在人心中的桥梁,是沟通人心的纽带。

对于青年朋友们来说理解和信任是一切情感的基础,真正的情感维护就是一种给予和欣赏,它要求自己给予对方一种关心和照顾、理解和信任,同时也希望对方给予自己理解和信任。

1. 交往中需要信任

日常生活中人们常常强调信任,亲人之间需要信任、爱人、朋友、同事、同学同样也都需要信任,信任是人与人之间交往中最基本的条件,是架设在人心的桥梁,是沟通人心的纽带,是震荡感情之波的琴弦。

众所周知,无论做什么它都有一个框架、一个结构,而那个框架、结构总会有一个基本点,只有有了基本点才可以谈后面的成功。就像盖房子,必须先把地基打好。

(1)交往要真诚

"人之相知,贵相知心"。真诚的心能使交往双方心心相印,彼此肝胆相照,真诚的人能使交往者的友谊地久天长。

美国哲学家和诗人爱默生说过:你信任人,人才会对你重视。在人际交往中，信任就是要相信他人的真诚，从积极的角度去理解他人的动机和言行，而不是胡乱猜疑，相互设防。信任他人必须真心实意，而不是口是心非。

（2）交往要自信

俗话说，自爱才有他爱，自尊而后有他尊。自信也是如此，在人际交往中，自信的人总是不卑不亢、落落大方、谈吐从容，而绝非孤芳自赏、盲目清高，而是对自己的不足有所认识，并善于听从别人的劝告与帮助，勇于改正自己的错误。培养自信要善于"解剖自己"，发扬优点，改正缺点，在社会实践中磨炼、摔打自己，使自己尽快成熟起来。

（3）交往要理解

在人际交往中，热情能给人以温暖，能促进人的相互理解，能融化冷漠的心灵。因此，待人热情是沟通人的情感，促进人际交往的重要心理品质。

（4）交往要信任

对朋友的信任是一种尊重、一种风度，一种人品的肯定，也是对自己自信的表现。对爱人的信任是一种技巧，这种信任可以提升两人之间的爱。

信任是相信而敢于托付的一种高尚情感，其实也是一种责任，把自己的约定当作一种大事。

2．认识交往中的大忌

理解和信任是人际交往的基础，是人与人之间最美丽的语言，一个信任的眼神可以化解矛盾的坚冰，一个信任的口吻足以让人刻骨铭心。其实人际交往就是一种信任，一种尊重，一种尊严，一种理解。人际交往会因为信任而生根，也会因为猜疑而走向毁灭。

(1) 爱嫉妒

朋友之间相处最忌讳的问题之一就是嫉妒。对才华、能力、特长、荣誉、地位或境遇比自己好的朋友是又羡慕又嫉妒。坦白说，不管你愿意还是不愿意承认，嫉妒这种病态心理，几乎人人都或多或少程度不同地存在着。关键在于用什么态度和方法去对待它。一个人的嫉妒心理，把它变成一种争当强者的推动力，也会激发自己不断创新、不断超越自我。

(2) 不信任

交友需要信任，就犹如人需要空气和水一样。信任是开启心扉的钥匙，人与人之间是否融洽，全看有没有信任感。如果不信任朋友，也就难以诚恳待人。

3. 在交往中获得信任的法则

多了解对方一点，多理解对方一点，多信任对方一点，那自己也会开心，也会每天幸福。每个人都需要被理解和被他人信任，同样每个人也需要抱着理解和信任的心态对待别人。你是否信任对方？是否去了解过对方？

在人际交往中，想要别人建立对自己的信任，我们不妨从下面几点进行尝试。

(1) 大方是建立人际信任之源

从生物进化角度讲是有必然性的。因为在资源匮乏或相对匮乏的社会中，人类个体间存在着利益冲突，只有既竞争又合作，才能共享资源，达成双赢，这就需要人际信任。

信任也就与利益存在着天然的联系。心理学的研究表明，交往关系中的互惠行为能够促进双方的信任。

(2) 大方不局限于金钱和物质

大方体现在待人接物方面就是要不吝啬，除了基本的物质需要以外，人们也期望得到他人的认同、赞美、同情、宽容、尊重、理解等。因此，人际交往中，既不要当一毛不拔的铁公鸡，也不要在满足他人心理需求方面当小气鬼。赞美他人的言行、宽以待人、不斤斤计较等，都是对他人大方的表现。

(3) 善于抓住表现大方的时机

在交往之初，相互之间不熟悉，也就很难谈得上信任，对对方的大方行为预期也就比较低。如果你在对方存在某种急需的时候满足了他，就会让他感到很意外，其脑部慷慨大方感应区就会高度兴奋，有助于建立对你的信任。

(4) 一定要尝试表现大方

"受人滴水之恩，当以涌泉相报"的观念，"投之以桃，报之以李"的做人准则，已经深植于国人的心里。

心理学的研究表明，交往关系中的互惠行为能够促进双方的信任。如果你在别人眼中是个小气鬼，你不妨尝试着表现大方些；如果不能表现得大方些，也可以尝试装着大方些，这能促进你进入大方、互惠的人际互动循环中。

以积极、友善、阳光、大度的心态与人交往，理解和信任会给你插上一对坚实的翅膀，带你飞向幸福的天际！

贴心小提示

亲爱的朋友们，与人交往是人生中必不可少的一部分，那么在交往中又有几种有趣效应，下面我们来一一解读：

一是首因效应，在人际交往中对人的影响较大，是交际心理中较重要的名词。人与人第一次交往中给人留下的印象，在对方的头脑中形成并占据着主导地位，这种效应即为首因效应。

二是近因效应，是指交往中最后一次见面给人留下的印象，这个印象在对方的脑海中也会存留很长时间。利用近因效应，给予朋友良好的祝福，你的形象会在他的心中美化起来。

三是光环效应，当你对某个人有好感后，就会很难感觉到他的缺点存在，就像有一种光环在围绕着他，你的这种心理就是光环效应。

消除与父母之间的代沟

进入青春期的青少年因依附性减弱，独立性增强，从而使亲子两代人在对待事物的认识上会产生一定的距离，由于态度的不同及意见分歧，因此往往会出现心理上的代沟。致使青少年认为父母不了解他们，不关心他们，有事不愿与家长谈等现象，由此代沟成为困扰两代人之间最重要的问题之一。

所以必须注重心理调适。

1. 了解与父母沟通难的原因

由于两代人生活与成长的环境不同，在思想和行为上有一定距离是很自然，很正常的，有人称之为"代沟"。那么为什么会产生这种现象呢？

（1）必然因素

首先，要明确这是一个正常现象，有其发生的必然性。随着年龄的增长，青年的自我意识会慢慢苏醒，同时对父母的意见不再是简单地服从、照办，而是要分辩是与非。

青年朋友们希望自主地安排生活，不希望、也不愿意父母干涉。但父母仍然用昔日对待儿童的教育方法，这已不能适应这一阶段的青年心理发展的特点，于是就会让青年产生父母不了解我这样的感觉。这就产生家庭矛盾，也慢慢演变成为代沟。

（2）教育方式

父母的教育方式的不足之处导致了这种现象的出现。父母的一生总有一些理想没有完成，而他们习惯于将未实现的理想与信念都寄托到孩子身上，让孩子成为他们梦想的延续。

他们设计孩子前程的同时，就是为他们年轻而未完成的青春理想而设计。而青年也在追寻属于他们自己的理想，这就产生了思想上的矛盾。就像一位名人说过"孩子在3岁至4岁是行为上的独立，而16岁至18岁则是思想上的独立"，他们不会任父母来设计自己的未来，这也是代沟产生的原因。

"孩子越大越没有意思了，小的时候多好玩，什么话都和我说，现在可好，和大人就是没话说。"类似这位家长的抱怨，如今，在我国许多家庭普遍存在。孩子长大了，却与父母疏远了，难道父母与孩子真的没有共同语言吗？教育专家指出，在缺乏有效的语言沟通的背后，其实是父母无法探知孩子内心世界的苦恼。

（3）新事物的产生

孩子的话大人听不懂。一些父母不善于学习，不愿了解新鲜事物，所以跟不上时代的步伐，也得不到孩子的尊重。在如今这个时代，现实的压力让父母深感学历的重要，所以一味地要求孩子考大学选好专业，而对孩子学习之外的生活与情感忽视、漠然。

这种态度渐渐也造就了父辈与子辈之间不可填补的鸿沟。在某些方面，孩子在成长，父母却落后了：对新的语汇、新的兴趣、新的焦点话题、孩子谈话的兴奋点，父母都很茫然，却仍然每天絮絮叨叨，这必然导致父子、母女之间无话可谈。

（4）网络快速发展

传媒时代网络语言流行。不上网的父母当然听不懂什么是"青蛙、恐龙、大虾"之类的词，却只觉得都是些贫嘴呱舌，对其不屑一顾。而孩子们呢？则觉得父母索然无味，只会唠叨瞎操心。久而久之，再想坐到一处聊聊天，都变得不可能了。孩子宁可与网友聊得火热，也不愿对自己的至亲父母送上一个笑脸。

沟通是让彼此明白对方的心意及表达自己想法的一种方法。而不同方式的表达会令人对你产生不同的看法。要和父母有良好的沟通先要对他们有所了解并去实行，如此一来可以知道父母的生活细节以增加话题。

2. 与父母良好沟通的方法

虽然代沟现象是常见的，但是不加以重视，也会产生巨大的危害。他可能是导致青年心理问题、学习问题产生的主要原因。所以，在面对代沟时，作为青年不要一味地怨怪父母，以逃避了事，要敢于面对，正确的解决才是科学之道。

常言道："话不说不明，理不辩不清。"要解决代沟这一问题，最重要的方法就是加强两代人之间的沟通。站在青年的角度，要明白：父母是爱你们的。他们所做的一切都是以考虑你的将来作为前提的。对你们事事关心，事事过问，一切都要控制住在自己的视野之下。

（1）换位思考

现在的父母多半都认为，对于青年来说学习永远是第一位的，因而忽视了子女在情感、兴趣、心理等多层次的需要。但是随着年龄的增长，每个人的需求就会不断升高，青年们还有许多想法，有些想法是父母年轻时不曾有的，所以也就意识不到，就出现了不理解。所以，要站在父母的角度看待你的成长，那样，就会生出理解与宽容。

人们常说理解万岁，青年们在要求父母们理解自己的同时，也要去理解父母。"金无足赤，人无完人""人非圣贤，孰能无过"，我们不能要求自己的父母没有一点缺点和失误。要知道，理解是相互的。

（2）主动交流

每天找一点时间，比如，饭前或饭后和父母主动谈谈自己的学校、老师和朋友，高兴的事或不高兴的事，与家人一起分享你的喜怒哀乐。

每周至少跟父母一起做一件事，比如，做饭、田里劳动、打球、逛街、看电视，边做事情边交流。当被父母批评或责骂时，不要着急反驳，试着平心静气地先听完父母的想法，说不定你会了解父母大发雷霆背后的理由。

（3）善于体谅

如果你做得不对，不要逃避，不要沉默不理，主动道歉，往往会得到父母的理解。可能错不在你，你有很大的委屈，但是先不去争辩。也许父母过于劳累或工作生活中遇到了麻烦。换个时间和地点，再与父母沟通会有意想不到的效果。

与父母沟通不良时，不随意发脾气、顶嘴，避免不小心说出或做出伤害别人的事。想要动怒时，可以深呼吸或离开一会儿，或用凉水先洗把脸。

（4）承担责任

在做好自己事情的同时，主动分担家庭的一些责任，比如，洗碗、倒垃圾、擦窗、干些农活等。趁机还可以跟老爸老妈聊聊天。

学会遇事多与父母讨论，并就如何行动达成协议。例如，父母会担心子女沉迷电脑而荒废学业，如果能就玩电脑的时间和学业的平衡达成协议，问题和分歧便能解决了。

总之，与父母的代沟通常产生于青春期。环境的影响使当代青少年很少站在别人的立场考虑问题。认为父母思想陈旧，跟不上时代的步伐。其实换个角度想想，多一些理解，代沟就变成沟通的渠道了，也就变成了爱。

贴心小提示

亲爱的青年朋友们，如果你们会常常和父母发生冲突，那么可以尝试下面的方法，希望对你们有所帮助：

一是避免与父母争辩，抗争是沟通的毒药，争辩、抗争是对立的。愿意被子女说服，承认自己错误的父母非常少，纵使抗争获胜，结果也不会融洽，这不是沟通的原则。

二是付出与行为配合，相对付出，是要有好表现，在与你的要求相关的事物上，做出令父母信任的行为。例如，你争取隐私权，不希望父母拆看你的信，你要表现行为正常。没有"神秘客"与你交往，没有"怪"电话找你，按时回家，这些都是可令父母信任你的行为，在你做到这些之后，你要求隐私权，十之七八可以如愿以偿。

三是用沸腾的水泡茶，喜欢喝茶的人都知道，要泡一杯好茶，除了上好茶叶外，一定要用沸腾的水，如果水不开，则茶叶不落，泡不出味道来。所以泡茶时要用滚开的水，如果有好几壶水，绝对不要"哪壶不开提哪壶"，这一定无法泡出好茶，沟通要应用这一泡茶原理，不要用"不开"的水去泡茶。什么是沸腾的水呢？就是"投其所好"，用他喜好的方式表达，用他喜欢听的话讲，沟通就容易达成。

学会适当地与老师交往

时下，在学校里常有这样一种现象，学生与哪个老师关系比较融洽，就喜欢上哪门课，哪门成绩就好；如果与哪个老师关系不和谐也会殃及那门课。有的学生甚至因为这样或那样的原因对老师产生抵触情绪，以至于影响到了学业进步。老师是陪伴学生一生的佳友，老师是从小至大一直围绕着你们的，青少年除了在家有爸爸妈妈外，就是和老师相处了。因此要学会合理地处理自己与老师的关系，这不仅对自己增长一定的知识有好处，也对以后的人生起着十分重要的作用。

1．认识师生关系中的问题

老师对我们不了解，不知道我们的想法，而只关心学习成绩，师生之间没有交流，互不理解。

目前师生关系中确实存在不少的问题，师生之间的距离在逐渐地扩大，主要是以下原因造成的：

（1）应试教育影响

学生读书是为了升学，一旦被教师认定为升学无望的学生，教师便对他们失去了信心，他们对自己也失去了信心，于是就自暴自弃。教师为升学考试付出了许多，学生却是厌学、辍学，甚至出现心理障碍。

学生一出问题，教师就要严管，一严管就容易失当，就会出现体罚和变相体罚学生的现象，从而造成师生关系的紧张。

（2）观念方法偏差

师生关系应该是一种以教育任务为中心的人与人的关系。但在现今的学校教育中，师生关系似乎更倾向于被异化为人与物的关系。学生在班级中，缺少的是作为人的尊严与权利，与其说学生在班级中履行的是自己的权利和义务，不如说学生更多的是实践着角色行为的另一个方面，即教师和家长对自己的角色期望。

为完成教学任务，在课堂上师生关系多为管制和被管制的关系，教育气氛多呈紧张、沉闷、压抑状，学生的思想行为大都纳入了严格的管束，时间、空间大部分被强制性的"苦学"所占领，学生成了"我们都是木头人，不准说话不准动"的"听客"。

在我们传统的师生观念中，所谓尊师爱生，在多数场合表现为师道尊严，教师凛然不可侵犯，从而养成了一种专制的工作作风。因此，学生稍有差错便是罚站、写检讨、请家长。如果经常处于这种状态下，学生就会产生一种逆反心理，厌学、逃学，甚至故意在课堂上与教师捣乱。

（3）教师师德差异

有的教师把教育视为一种"交易"，要求学生有所"回报"。有的教师向学生索取财物，为本班学生进行有偿家教。有的教师上课来，下课走，完不成任务怪学生，学得不好怨学生。

有的教师对学生采取专横式教育方式，动辄训斥、责骂、盘问、追查，盛气凌人，不顾学生的心理感受。有的教师对学生放任自流，不闻不问，撒手不管，班集体犹如一盘散沙，形成不了集体的统一意志。由此学生对教师不满和怨恨的情绪与日俱增，师生之间的关系日益冷漠。

（4）社会认识因素

长期以来，社会上在认识师生关系时，常常把家庭中的父子关系作为参照框架，即所谓"师徒如父子"。在家长看来，孩子应听教师的话，接受教师的批评。无论这种批评是否过当，只要教师的批评，甚至惩罚没有造成学生身体上的伤害，教师就一定是对的。至于对学生心理上的创伤，家长则不去关心或很少关心。

（5）学生自身因素

由于受先天遗传、后天教育以及家庭环境等方面的影响，学生个性存在着差异。这些差异主要表现在：智商的高低、兴趣爱好的不同、认知水平的差异、体质的强弱等方面。因此，每个学生的学习习惯、学习能力、学习成绩必然有所不同。

有的学生在课堂上，经常不守课堂纪律，上课讲话，做小动作，不专心听课等，对课堂教学秩序产生干扰，因而时常受到教师的批评；有的学生经常完不成教师布置的教育教学任务，而经常受到教师的批评。久而久之，他们便对教师产生了怨恨，造成了教师和这部分学生之间的紧张关系。

2．学会和老师相处

师生关系融洽，学生能与老师友好相处并有效地交流与沟通对促进学生本人的学习与成长非常重要。在课堂上的认知速度和质量与其认知态度、情绪、情感有着密切的联系。

（1）关系要融洽

青年朋友们应克服委屈与讨厌心理，缓解自己对老师的抵触情绪。

（2）与老师沟通

由于在学习中常常受到许多问题的困扰，老师会给你们一些指导，这时，一定要和老师沟通，从而找到解决的办法。

只有老师指出自己的缺点和不足，并且在和老师的沟通中找到解决的办法，才是取得进步的最好途径。讨厌、躲避老师，只能使自己的缺点和不足越积越多越成问题。

如果认为老师偏心或不喜欢自己，就更要去主动接近老师。这样的沟通多了，不但能从老师的言谈举止中判断老师对自己到底是不是有偏见，从而加强相互了解。同时，一定要懂得，对老师的尊重并不等于认为老师做得都对，时常与教师交流，避免摩擦。

（3）与老师相处

对老师有意见就应该向老师提出来，但是要注意场合和方式，需要讲究一些策略，要在和老师单独相处的时候和老师交流，要把事情的来龙去脉说清楚，把自己的意见表达清楚。

给老师提建议或消除老师对自己的误解时，要注意场合和方式，可以在单独相处的时候与老师交流。有的学生出于害羞、胆怯，与老师面对面沟通心里发怵。这种情况，最好以书面形式与老师交流，先厘清自己的思想，自己的缺点，自己的意愿，在尊敬老师的前提下如实写出来，向老师汇报，请求老师的指导、帮助。

（4）要建立信用

对青年来说，学校是一片新天地，你要在这片新天地中生活很长一段时间。在这里，你要学习很多知识，除了课本知识以外，还要学习怎样与人相处的知识。学会适当地和老师多去交流，这样自己的学习才能更好，心态也更积极向上，也有助于老师对自己的印象更好。

因此，要适当地多和老师进行交往，把老师在学校的优良品德都学习到，把自己身上的毛病和缺点都通通改掉，在老师心目中自己是一个好学生，一个乖学生，只有这样，自己才是最棒的。

相处时最重要的是的要保持一颗真诚的心。"真诚是一笔无价的财富"，所以，学生和老师进行交流也要真诚面对，互相建立信用，因为你对别人真诚了，必然会得到别人的尊重和真诚的。

贴心小提示

学生的大部分时间在学校里，就免不了和老师交往，对学生来说，该怎样与老师交往呢？

一是尊重老师，老师几乎把所有知识无私地、毫无保留地教给学生，如果他们希望得到什么回报的话，就是希望看到学生成才、成熟，在知识的高峰上越攀越高。

学生要尊敬老师，见到老师礼貌地打声招呼。尊敬老师，尊重老师的劳动是师生和谐相处的基本前提。

二是勤学好问，做学生时，经常听到"那个老师并不怎么样""他的水平太低了"这样的话，等长大以后才知道这种看法和想法是多么天真。除班主任外，任课老师并没有多少时间和学生直接交往，常向老师请教学习上的问题会加深师生彼此的了解和感情。

三是正确对待老师的过失，委婉地向老师提意见，老师不是完美的，如果他有的观点不正确，或误解了某个同学，不管怎么说，老师是长者，做学生的应该把他置于长者的位置，照顾老师的自尊心和面子。

四是犯了错误要勇于承认，有的同学明知自己错了，受到批评，即使心里服气，嘴上也死不认错，与老师搞得很僵。有的人则相反，受过老师一次批评心里就特别怕那个老师，认为他是对自己有成见。与老师关系融洽既可以促进学习，又可以学到很多做人的道理，会使你一生受益无穷。

第四章　职场就业的心理缓解

　　青年人走出校门、步入社会就面临着竞争，首先是就业的竞争，择业的竞争，然后是职场的竞争。竞争已成为市场经济的一个基本特征，这往往给青年人的心中增加了种种无形的压力。

　　随着就业制度的改革和就业形势的变化，青年就业难问题日益突出，青年由此产生的心理问题越来越引起关注。

　　青年一定要认清形势，正确定位，科学规划，不断完善自我，增强职业能力，提高自身生存能力，主动适应社会发展的需要，并学会调适自己的心态，从而在职场上更好地打造自己。

深入分析啃老族现象

啃老族也叫"吃老族"或"傍老族",是靠父母供养而自己一直未"断奶"的年轻人。社会学家称之为"新失业群体"。

啃老族年龄都在23岁至30岁之间,他们并非找不到工作,而是主动放弃了就业的机会赋闲在家,不仅衣食住行全靠父母,而且花销往往不菲。

"啃老"是一个与家庭不能分割的概念,它存在着几种情形,对此我们有必要认真地作一些剖析。

1. 了解啃老族类型

据调查,70%以上的人认为身边存在啃老现象,可见啃老确实已成了一件普遍的事。但什么才算啃老,就各有各的说法。据分析,90后青年人啃老族主要有这样几种类型:

(1) 完全型啃老族

这类啃老族一般家庭条件优越,从小舒适惯了,不喜欢工作约束自己,也缺乏基本的谋生知识和技能,是真正意义上的啃老族。在广东一般叫这种人为"二世祖",多少含有一些贬低的意思。由于所有生活来源都来自父母,故称之为"完全型啃老族"。

(2) 阶段型啃老族

这种啃老族一般在某些特定的时期依赖父母,比如说大学毕业没找到适当的工作,又不愿意从事一些薪酬少、强度大的工作,只好暂时待在家中靠父母生活。如果找到合适的机会,他们大多数还是愿意出去工作的,故称之为"阶段型啃老族"。

(3) 资助型啃老族

这种啃老族多数有正当职业,收入基本能够满足个人生活所需。但如果遇上结婚、买房等人生大事,仅凭他们区区的一点儿收入是无法应付的,必然要父母予以资助,故称之为"资助型啃老族"。

(4) 消费型啃老族

这类啃老族通常是时尚人士,喜欢追求新潮,对时尚、娱乐、精品、服饰等有特殊嗜好,许多属于追星一族。由于自身实力不能支付此类开销,只能打父母的主意,故称之为"消费型啃老族"。

(5) 居家型啃老族

这种啃老族基本上是单身,生活在父母所在的地区。虽然已经工作,但仍同父母住在一起,吃喝拉撒睡等一切开销仍需父母打理和操持,故称之为"居家型啃老族"。

2. 认识啃老的原因

现在的啃老族的诞生多半是因为儿时父母过于溺爱的行为而导致的。大多数啃老族们因为从小有依赖父母的习惯,失去了在生活中和社会上独立自理的能力,而且也养成了懒惰和只接受别人的劳动果实的习惯,因而长大了还只会在父母的羽翼下生活。

(1) 个体社会化的失误

成为啃老族的人,往往受到父母的百般呵护,缺乏独立意识,适应社会的能力较差，也缺乏家庭和社会责任感。也就是说，在个体社会化的阶段，他们在精神上始终没有"断奶"，没有完成社会化中独立人格和个性的形成过程。这与个体接受家庭、学校、同辈群体等主体影响有关。

（2）家庭社会化的偏差

父母在家庭中占有举足轻重的地位。父母的教育理念、教养方式、教育态度和培养方案的选择，将在很大程度上雕塑着子女的形态。受传统观念影响，我国很多父母在观念上有一个误区，认为自己一生的努力就是为了孩子的幸福，自己早年没有得到的东西便想让自己的孩子全部拥有。

子女在生活中遇到一些困难，他们首先想到的就是投靠父母。父母此时更是欣然接受，因为不管在外面怎么样，父母家的大门永远为子女敞开。即使是那些生活条件不错的子女，父母通常也愿意让他们常回家看看，这就是家庭这种关系引发的"啃老"现象。

（3）价值观念的转换

由于社会和文化的变迁带来的物质文化发展和精神文化发展的严重不协调，也即存在着美国社会学家奥格本提出的"文化堕落"，使得许多人变成了文化上的边际人。这也是城市青年啃老的重要原因。

3. 要学会自强自立

当我国进入老年社会的时候，啃老族必将带来更多的社会问题。"襁褓青年"的独立，除了依靠正确的人生观、价值观，社会也应为其创造适合的工作机会。与其让父母养活啃老族，不如让他们成为有能力养活父母的养老族。

（1）进行自我规划

现在的青年有相当一部分缺乏自控自治能力，要改变这种局面，就得养成自我规划的习惯。所谓自我规划，也就是自己给自己提要求，定任务，安排时间，做自己想做的事。自我规划的内容可包括怎样听课，怎样预习和复习，怎样做作业，参加什么课外活动，做什么游戏，帮助家长做什么家务，做一个什么样的学生等。这些方面的内容不一定面面俱到，也不要求写得很规范，只要自己能给自己提出要求，并能按照自己的规划去做。

（2）进行技能培训

啃老族需要改善就业能力，首先得让他们有一技之长。使得啃老族们学会自己的一技之长，这样才可以为摆脱啃老打下基础，加强职业技能培训是促进啃老族就业、自立的必由之路。

（3）进行思想教育

对抱着怕苦怕累和眼高手低两种心态的啃老族，要进行思想上的教育。这个工作可以由社会舆论和家长来完成。其实年轻人缺的并不是岗位，而是有些工作他们不愿意去做。

家长要通过各种渠道告诉自己的儿女，一个人应该从最基层的工作做起，一步一步往前走。只有具备吃苦耐劳、踏实肯干的精神，才能改变自己的境遇。缺乏恒心、毅力和苦干精神，没有对工作、对生活的热忱，今后也无法在社会上立足。

（4）父母态度明朗

父母不能因为心疼孩子而无原则地退让，父母的态度很重要。很多事实表明，只要家长割断"脐带"，把孩子推出去，孩子才能自立成才。

对于那些通过啃老达到好吃懒做目的的人，父母要进行批评与劝导。父母不是天生的保姆，没有义务提供精力、财力和体力来哺育已经长大的子女，更没有义务成为子女永久性的银行取款机和备用金库。

总之，青年朋友要尽快地从啃老族中走出来，尝试一些办法使自己自立自强，这样就能缓解老年人的经济压力和心理负担。

贴心小提示

亲爱的朋友们，你是否无法判断自己是否啃老，以下几种类型，让你看清自己是否有啃老情结：

一是大学毕业生，因就业挑剔而找不到满意的工作。

二是以工作太累太紧张、不适应为由，自动离岗离职的，他们觉得在家里很舒服。

三是"创业幻想型"青年，他们有强烈的创业愿望，却没有目标，缺乏真才实学，总是不成功，而又不愿寄人篱下当个打工者。

四是频繁跳槽，最后找不到工作，靠父母养活着。

五是下岗的年轻人，他们习惯于用过去轻松的工作与如今紧张繁忙的工作相比，越比越不如意，干脆就离职。

六是文化低、技能差，只能在中低端劳动力市场上找苦脏累的工作，因怕苦怕累索性待在家中。

正确地看待蚁族现象

所谓蚁族，是指没钱租房子更没钱买房子而住集体宿舍的人群。蚁族是对大学毕业生低收入聚居群体的典型概括。蚁族的数量很庞大，而不是指小部分大学生。根据目前有关统计数据显示，全国各大城市的蚁族总人数可达百万。

1. 认识蚁族现象形成的原因

蚁族现象的产生，表现了当前社会就业形势的严峻，同时也有大学毕业生本身个性的问题,生活条件差、缺乏社会保障、思想情绪波动较大,挫折感、焦虑感等心理问题较为严重,且普遍不愿意与家人说明真实境况,与外界的交往主要靠互联网并以此宣泄情绪,那么这个庞大的族群形成的原因有哪些呢?

(1)城市的吸引力

我国一些大中城市,其经济活力和生活水平已经达到了相当的水平,与一些小城镇或西部的城市相比,可以为大学生提供更为优厚的待遇和更好的发展空间,毕业生当然会尽可能地选择留在大城市或者到沿海地区就业。

(2)就业形势变化

我国就业压力空前增大,大学毕业生人数便连年增加,与此同时,我国社会正经历城市化、人口结构转变、劳动力市场转型、高等教育体制改革等一系列结构性因素的变化。在这些因素的综合作用下,在我国的城市特别是大城市中,必然会出现大学毕业生滞留现象。

(3)各种条件优势

房租低廉与交通便利是蚁族形成的客观原因。随着中心城区和近郊区各项管理措施逐步到位,流动人口必然向周边环城带地区迁移。同时由于环城带地区交通便捷,生活成本低廉,可开发利用土地相对较多,开发建设速度加快,就业、创业机会亦相对较多,加之这些地区大量合法和违章建设的出租房屋使刚刚毕业的大学生在此落脚成为可能,势必在此形成聚居。

(4)追求独立生活

对独立生活状态的追求,导致了少量在校生选择在聚居村居住,其中,有些在校大学生是出于性格缺陷而在聚居村居住。这部分学生或者不善于处理同学关系，或者不习惯集体生活。

由于高校青年们来自不同地区，室友们在生活习惯、卫生习惯等方面都存在一些差异，因而在集体生活中往往难以相融，甚至产生矛盾或纠纷。于是一部分同学便怀着"惹不起、躲得起"的心态避而远之，在校外营造一个属于自己的生活天地和自由空间。

（5）需要群聚空间

追求群体间的认同是蚁族形成的主观原因。大学毕业生刚刚步入社会，熟悉的人群能给其以较大的安全感。因此，他们往往在毕业前夕和师兄师姐联系，希望与他们居住在同一区域，久而久之，就形成了聚居村。

这时的聚居村就像一个相对熟悉的港湾，毕业生那疲惫的航船要在港湾中抛锚、躲避。不论港湾同意接纳与否，也不管港湾是否能够承受，寻求庇护的航船扎堆似的往里挤。

与现实生活中蚁族的庞大数量相比，在社会关注度上，蚁族却是一个极少为人所知的群体。他们既没有纳入政府、社会组织的管理体制，也很少出现在学者、新闻记者的视野之中。在某种程度上，这是一个被漠视和淡忘的群体。

2．正确看待蚁族

当前我国正处在社会转型时期，出现像蚁族一样的新群体是正常的，我们要理性地来看待。

（1）需要情绪诉求

蚁族们大多有自己的梦想，比如，希望在3年内有车，5年内有房等。尽管这些梦想是他们最大的精神支撑，但按目前的情况来看，能够圆梦并搬离聚居村的人可谓凤毛麟角。坚守的蚁族们，有相当大一部分人参与了网络群体性事件，比如网络签名、网络声讨、人肉搜索等。这意味着，如果没有合理的宣泄途径，蚁族有可能通过虚拟环境和现实环境的互动，促成群体性事件的爆发，并将对自身和社会造成负面影响。

对于80后的一代人来说，他们生活的时代刚好处在社会转型期，一些常见的社会矛盾，比如失业率攀升、城镇化差别等，贯穿他们的成长经历。当理想与现实的差距令人感觉残酷，出现相应的消极情绪也是很正常的，也有可能会成为社会的不稳定因素之一。

（2）学会沟通平衡

蚁族在工作方面容易产生心理不平衡，所以蚁族青年们要和单位主管多沟通，明确自己的发展方向，规划自己的职业生涯，这样即使苦点累点也感觉有希望。

在住的地方也结交志同道合的朋友，毕竟是"患难之交"要知道，这里完全有可能是藏龙卧虎的地方，也许他们就是你以后事业的合作伙伴。

（3）学会放松心情

旅游也是很好的放松方法，换个环境换个心情，可有效缓解压力，疏导不良情绪。如果囊中羞涩，可以来个简单的短途游，去郊外有山有水的地方，呼吸新鲜空气，亲近大自然。再不然，也可以去参加庙会花市，在人多热闹，有气氛的地方，人的心情也可以得到放松。

另外，培养一些爱好，听听歌曲、健健身等也是缓解压力和焦虑的方式。总之，要认识到困难是暂时的，积极的心态也是可以寻找、训练、培养的。

总之，蚁族们应该是充满智慧，不畏艰难，乐观开朗，面对现实，敢于接受挑战，怀揣梦想，有着质朴的信念，对未来充满美好的期待，尤其相信通过奋斗实现自己的理想，绝少抱怨。他们知道，大学校门已走出，而社会的大门还没有完全敞开，这是一个艰难的过渡，也是一个必然阶段，人生的经历本就包括艰难和辛酸，条件差正应该是艰苦奋斗的起点。

贴心小提示

亲爱的青年朋友们，如果你是蚁族族群的一员，每天还生活在生活的焦虑和工作的压力之中，那么不如来试试以下的方法帮助你摆脱这样的不良心理：

一是要即时舒缓，可以运用深呼吸，配合正面的自我暗示，调节自己，帮助自己放松身心，可以做运动或找人倾诉。

二是要改变思想，如何摆脱焦虑症还要调整自己的价值观和想法，来改变焦虑的程度；克服不安的关键在于能客观地评估情况，将事实和负面的想象分开。

三是要敢于面对，如果你能面对挑战，有意识地逐步做一些你一直在逃避的事情，你会发现情况比你预想的更好，其实你拥有应付的能力。

四是要付出行动，把焦虑化为积极的行为，跨出一步，有一点进步，你的压力就会减轻一些。

我们常常会被一些不快的事情所困扰，如果不及时排解就很容易患上某些心理疾病，如焦虑症、抑郁症、失眠症等。其实，生活中并不缺乏快乐因素，关键是自己以何种心态去看待，又以何种方法去解决。

理性地看待就业难的问题

就业是民生之本、稳定之基、和谐之要。然而在我国国内随着接受高等教育的人越来越多，从高校毕业的大学生逐年递增，高校毕业生就业压力也日渐明显。

大学生就业难已经成为当今的一个社会问题。客观地说，造成就业难的原因是多方面的，对此我们有必要进行认真的分析。

1．认识就业难的原因

我们每个人都有生存的理由，要让自己的影响最大化，首先要有理想和职业规划。对自己以后的职业进行一下精打细算，规划一下，这样才不会让自己每天过的盲目。

（1）就业期望过高

有人说，如今大学生就业其实不难，难的是择业。毕业生择业时普遍选择经济发达地区和大城市，如北京、上海及珠江三角洲地区等，并且对工资待遇、工作环境都以自己所想为要求，作出不切实际的高期望想法。而对于一些欠发达的地区，如西部地区等，即使用人单位开出较好的待遇条件，毕业生也不愿意去。以上问题势必限制毕业生求职的选择面，从而影响其就业。

（2）自身素质不高

有些毕业生由于在大学期间所学专业不过关，所掌握的知识不够，甚至用假文凭去应聘。但经用人单位面试后，就暴露无遗了。试想一下，有哪个用人单位会聘用这样的"人才"呢？所以，专业本领还是最基础的，只有真功夫才经得起考验的，必须掌握过硬的专业技术才会在求职中占得先机。

此外，用人单位盲目提高用人标准的现象也加剧了毕业生就业难的状况。随着就业市场出现供大于求，用人单位不管实际岗位是否需要，把英语、计算机等级证书、普通话合格证书等都列入招聘条件，甚至把应聘者的身高、长相、气质及家庭背景都列入选择条件，这必然会造成人才错位、紊乱，甚至埋没人才。

那么，如何解决大学就业难的问题呢？这是一个社会问题，应该由全社会共同来解决。这就需要政府、学校、企业及学生共同努力，共同创造一个良好的就业环境。

2．化解就业压力的方法

如何面对就业压力成了大学生关心的话题，很多大学生面对就业压力不知所措，感到前途一片渺茫，而很多大学生正视就业压力，积极对待社会竞争，在竞争的浪潮中脱颖而出。

面对大学生就业压力这样一个热门话题，我们希望通过调查，了解更多的现状，使广大学生正确认识压力，积极应对压力，以饱满的热情和自信的态度来面对就业竞争，成就完美人生。

（1）打好基础

面对激烈的社会竞争，我们相信学好知识，打好扎实的基础是十分关键的，只有具备足够的实力，我们在选择工作时，才能足够自信，才会有更多的选择机会。在大学期间，我们可以多看一些书，多学一点东西，提高自己的素养，培养独立思考的能力。

（2）树立自信

大学里有很多成功人士的讲座，他们或是"海归"博士后，或是在事业上如日中天。实际上，这些人无论是智力还是外貌，与我们并无大的区别，在资质方面很普通，上天也没有对他们格外眷顾。成功者的态度包含众多的层面，但是，最重要的是具有自信心。

（3）合理定位

大学毕业生就业是其人生中所面临的重大抉择和重大转折，这对于他们今后事业的发展具有重要意义。从目前就业的严峻形势来看，情况也许不容乐观，历届毕业生中仍有不少人没有找到合适的工作。这当然有其社会方方面面的原因，但是，他们自身所存在的种种心理问题也是影响他们就业的一个不可忽视的重要因素。所以，对自我做一个合理的心理定位是十分重要的。

（4）展现优势

有的毕业生存在过分的自卑心理，总认为自己技不如人，拿自己的短处与别人的长处去比，因而不敢主动地推销自己。其实每个人都有自己的长处与短处，成功人生的诀窍就是经营自己的长处。

在选择职业时要注意发挥自己的一技之长，把最能发挥你个人优势的职业作为首选，因为，你若能发挥自己的特长，钱是可以慢慢积累的，经营自己的长处能给你的人生增值。

（5）增进交往

现代企业和机关单位都不可能单打独斗，人类的生活总是离不开集体和社会。如果要想获得成功，就要学会尽快融入你所在的单位、企业或工作环境中，扮演恰当的角色，具有一种与上级、同事等有关人员协调和沟通的能力。

这本来是一种基本的能力，也许过去传统的学校教育并没有教会你，但你得重新学。一个人想要被某个集体和同事所接纳，就得想办法接受和认同他们的价值观念，个人英雄主义、目中无人等态度是行不通的。

（6）提高能力

传统教育体制下培养的大学生常因为缺乏动手能力而减少了自己就业的机会，这其实也是对我们传统教育方法的一种挑战。发达国家很重视学生个人实际动手能力，虽然也讲学历，但是不唯学历。

随着社会的发展和劳动力市场的客观导向,我国目前存在的单纯强调学历、文凭的观念将逐渐纠正,而学历与技能并重的观念将会逐步被社会认可。

(7) 迎接挫折

失意与挫折是当人们某些愿望不能实现,某种需要得不到满足时所感受到的一种心理体验,对于一直风调雨顺的某些大学生来说,在上岗前就要有迎接挫折的心理准备。

从学校刚走上社会时,大学生对社会有诸多的不适应,加上工作常常受挫,因而可能感到心理有很多的不平衡。因此,对自己感觉不平衡的人、事、物,要能以客观的态度对待,不要过多地抱怨,因为发牢骚不会解决任何问题,只有从挫折中吸取教训,才能求得今后的进一步发展。

(8) 知己知彼

大学毕业生还要不断调整心态,做到知己知彼。知彼就是了解择业的社会环境和工作单位,正确认识面临的就业形势,了解当今社会的需要;知己就是实事求是地评价自己,了解自己的个性特点,客观地认识自己的优缺点、兴趣与特长,做好充分的心理准备。

总之,刚毕业的大学生,只有理论知识,实际经验少之又少,所以刚毕业找工作时,不要贪高,从底层做起。一步一个脚印地来,在工作中学习新的知识与经验,充实自己,在以后的工作中就会越来越得心应手,就会对工作越来越有信心,所以现在我们不要给自己施加太大的压力。

从小事做起,从底层工作做起,慢慢的你会发现不知道不觉中你已经在这个社会上找到了自己的立足之地。

贴心小提示

大学生在找工作之前,要给自己制订一个小小的计划,这些计划能够使你们变得不盲从，主要有以下几点：

一是近期的职业规划已实施或待实施的时候，要有第二步职业规划，想想自己三五年后想做什么，能做什么，还有什么需要现在学习。

二是选择一个值得学习的公司，是非常重要的。刚就业，不一定要有很高的薪酬，最重要的是看能学到什么东西，如果公司能提供很多的学习机会，即使工资不高，这样的企业也是能进的。

三是无论做什么选择，需要明确的一件事，任何人所适合的职业或者专业都是一个范围，而不是一个点。因此，很难说，一个人只有在某一个领域才有兴趣和能力。

学生还需要牢记，无论职业选择还是专业选择，都是双向的。在双向选择的情况下，就需要妥协，只是不同学生妥协的程度不同而已。一旦选择的决定做出，就要在一段时间内对所做出的决定给予承诺，这是一种负责任的态度和成熟的表现。

慎重地对待放弃专业的问题

走出校门的青年人急于就业是一种普遍的心理，而由于现实中存在着一定的专业与就业的矛盾冲突，一部分青年人认为刚走出校门，缺乏社会经验，只要有机会找到工作，即使专业不对口也会接受，并且对找工作时专业对口与否并不关注，他们认为周围许多同学已经找到工作了，即使再"不对口"的工作都会接受，有了工作经验之后，可以再去找自己喜欢并乐意从事的工作。

另一部分青年朋友们认为一定要找与自己的本专业相关的工作，只有这样才没有辜负自己大学几年的时间。两种观点都有自己的道理，都不能太绝对，否则就会出现青年朋友们的就业心理问题。

1. 认识专业不对口的心理影响

生活告诉我们，很多人在从事与专业不同的工作，一些事业成功的人亦然。在这里，也许专业并不是最重要的，重要的是我们静下心来，细细品味当下的工作，用发现的眼光去感受职业。

不敢断言这将成为事业成功的金钥匙，但可以确定这是一种和谐的生活态度，帮助我们用健康的心态享受工作的滋味。

专业不对口将会对人的心态有哪些潜在的影响呢？

（1）缺乏自信

在工作中比较被动，完全按照领导或其他同事的要求去做，缺乏主动性和开拓性。甚至会变成一个循环的过程，越不自信越出错，越出错就越不自信。

（2）影响交往

同事交流不畅，人际关系受到影响。尤其是刚进入这个新领域，无法与周围的人谈一些与专业有关的话题。与专业有关的人，无法顺畅地沟通和交流。

（3）形成压力

工作压力大，影响日常情绪及生活质量。在别人眼里既简单又顺理成章的事，对自己而言都是一个新的挑战。别人能够用专业及人际资源完成的工作，自己却长时间摸不着头脑。这时很容易归咎为自己缺乏专业知识，进而产生较大的压力，容易出现焦虑、自卑等负面情绪。

应聘者的专业与岗位所需不相符，但单位仍然同意录用，这是不是意味着越来越多的单位已经忽略了对专业的要求，用人标准正在发生变化。

的确，不少单位对专业的限制正在逐步淡化。管理者们通常认为，专业对口只意味着从业者掌握了一定的喜欢也只是和技能，并不意味着可以在工作中发挥潜能，创造最大的利益。大多数人力资源经理选择人才，是依照人职匹配的原则，他们会聘用那些与空缺岗位匹配度最高的求职者。

所以，对于职场人来说，专业不对口仍然被录用，说明自己身上具备了一些难能可贵的闪光点，赢得了单位的好感。这也暗示着，选择工作最重要的原则是能发挥自身优势，体现自己的价值，至于能否获得用人单位的认可，往往与专业的关系不大。企业和应聘者一样，也希望自己的员工充分发挥综合能力，创造更多的价值，双方的目标一致，才能达到聘用成功的目的。

2．解决专业不对口的方法

现在很多学生毕业出来，从事的工作都是跟自己在学校就业的窗口不能对接。这个时候应该怎么办？

（1）提高专业能力

从目前的就业形势看，大学生英语四级甚至是六级证书都是必备的，另外，中高级口译证书和托福、雅思成绩也成为很多企业衡量求职者实际英语能力的标准之一。

同时，很多大型企业要求毕业生至少通过国家计算机等级考试二级或三级。

（2）突出辅修专业

学生专业课程以外的知识和能力也颇为重要。虽然有些职业对专业性要求不强，但如果学生具有一定的相关专业背景，自然在求职中能更胜一筹。现在很多大学都开设了辅修专业课程，这对跨专业的学生应聘是很有帮助的。所以，准备跨专业求职的学生，有必要尽早规划就业方向，在专业课以外选修或辅修相关课程。

（3）善于展示自己

在跨专业求职中既然专业优势无存，工作能力就成为最重要的参考，通常表现为沟通表达能力和组织协调能力。要善于表达自己、展示自己才是制胜的关键。所以在平时，性格内向的求职者有必要加强这方面的锻炼。

（4）组合自身资本

从心理学角度讲，所谓的职业资本是由专业的知识技能、工作过程中的情绪、所处职场环境以及执业行为模式四个部分共同组成的。另外，资本的积累是一个从无至有、从少至多的过程。

对一个职场人来说，职场拼搏需要我们积累的资本不仅局限在工作的专业性上，更多的是专业之外的学问，例如，从业态度、人际往来、处理问题的方式等。所以，即使从事了一项与专业相差甚远的工作，也是有它的意义的。

（5）尽快适应环境

任何一项工作都有它自身的特点，都会有它独特的魅力。在入职后用发现的眼光去探寻工作中的知识，会使我们大大改善情绪，激发对工作的兴趣。有了兴趣的加入，工作便有了顺应发展的基础。我们可以尝试用自我暗示的方法，让自己逐渐接受现在的工作。一旦我们熟悉了工作，内心体验就会发生变化，而职业满足感往往也会在这个时候产生。

总之，在选择职业方向时，应对自身性格和将要选择的专业尽量做全面了解和认知，选准方向，才能减少职业"毁约"率。实际上，对于任何求职者来说，都没有绝对的专业对口与不对口；任何专业出身的人，只要学会寻找相交点，根据人生每个阶段的具体情况来构造自己的职业生涯道路，打开职业选择面，都可以找到适合自己的工作。

贴心小提示

亲爱的青年朋友们，如果你在被专业不对口的问题困扰着，认为现在干的不是你想要的工作，那么你应该牢记：

朱元璋开始是当和尚的，最后却成了皇帝。王家卫在大学里学的是平面设计，后来却成了导演。面对专业与职业不符这种现状，有的人会欣然接受现实，重新接触学习这个领域的知识，有的人则硬着头皮得过且过。

大学并不是学习具体知识，而是学习获取知识的方法，或者说，学习快速检索信息的能力。当专业与职业不对口时，需要认清现状，做一些心理调适。

一是永远充满自信，应该对自己有充分的认识，把主观愿望和客观条件结合起来，要相信自己的能力，对自己抱有合理而坚定的信心。

二是正视职业现实，对于已然发生的现实我们不可以改变，但是我们可以适应，适应是一个人成长过程中不可或缺的因素，适应会带来各种成长的可能。

三是正确对待转换，心理健康的人，勇于向挫折挑战，百折不挠；心理不健康的人，知难而退。应保持健康稳定的心理、积极进取的态度。所以，一旦工作，切不可在不对口的郁闷中虚度时光。

要做到尽快地适应工作

许多走出校门、即将踏上工作岗位的毕业生，面对未来总是充满着许多憧憬，然而当他们参加工作后却会发现前进的道路并不像想象中那样开满鲜花，很多地方甚至会铺满荆棘，他们会明显感觉到自己对职业工作有很多方面都不适应。

有些人不能适应本职工作，很大程度上是因为自己所具备的知识和技能与工作要求不相符。解决办法，就是详细了解工作的业务内容，对于不适应的部分，尽快在本职工作中丰富自己的知识，提高工作技能。对此，除了要有足够的自信心和坚强的毅力外，还必须掌握科学的方法。

1. 认识不适应工作的原因

对大多数毕业生来说，都能较快地度过适应期，但也有一些毕业生对环境迟迟不能适应，不仅影响了工作，而且挫伤了自己的自信心，首先要分析这种不适应的主要原因。

（1）生理原因

青年朋友们在校的时候总是没有自己的生活节奏，生活比较自由，但是到了工作岗位以后就要开始遵守岗位上的生物钟，有的时候一味地忙碌，有的时候总是想着休息。如果你上班忙忙碌碌，下班又心事重重，整日寝食难安，不仅会感到疲惫不堪，而且也不可能精力充沛地投入工作。

（2）人际关系

学生进入社会以后就会面临着复杂的人际关系，社会是个大课堂，有各种各样的人和各种各样的事，有的青年朋友们把握不住自己，恃才傲物、自视清高，也有的青年朋友们缩手缩脚、羞于见人。

尤其在处理同事间关系上，或许会不可避免地卷入人事纠纷中，搞小圈子，与部分人拉帮结派。

（3）工作能力

有部分青年朋友们不能胜任工作而感到不适应，刚走上工作岗位的大学生，都要面对着一个把书本知识转化为实践经验的过程。这一时期，有的人能尽快地完成这种转换，而有的人则需要一个较长的时间。在校大学生往往还没有形成综合的技能，这就同社会角色要求的讲竞争、重实效的行为方式产生了矛盾。而社会和单位上的人往往认为：大学生既然是"高级专门人才"，就应该是能文能武的"全才"，因此对大学生的期望值往往过高，求全责备，从而给毕业生带来一定的心理压力。

总之，假如你暂时不能适应新的工作环境，切莫急躁冲动，要注意保持冷静的头脑，客观准确地分析原因，寻找有效的解决办法。具体问题具体分析，新的工作岗位、新的工作环境实际上也是对你的一个新的挑战。你只有适应它，才能了解它、深入它，才能完成走向社会的重要转折。

2. 尽快适应工作的方法

毕业生离开学习的学校，踏入社会，会在很多方面觉得不适应，过去自己掌握课余时间，灵活安排学习和娱乐，现在却要严格遵守一分不差的上班、坐班和加班等制度，于是就难免觉得时间紧张，工作繁重。

此时，毕业生一定要把工作置于首位，一切以本职工作为中心，合理安排工作和业余生活，经过一段时间，是完全可以习惯的。

那么应该如何调整自己的心态，从而尽快地适应工作呢？

（1）心理上调整

对新环境的不适应，集中表现为心理上的不适应。很多刚刚跨入社会的职场新人都特别怀念大学时代，每当想起和老师、同学们在一起的日子，随心所欲，谈笑风生，何等快乐，而今面对的却是一张张陌生的面孔，心里常常会有说不出的别扭。

过去经济上靠父母资助，生活上有学校管理，学业上有老师指导，而今一切要靠自理、自立，怎么样也觉得不习惯；尤其是下班以后，独自一个人回到空荡荡的家，心里倍感孤独。

(2) 生活上调整

以前在大学的时候，生活节奏比较简单，过着三点一线的生活，也比较自由，经常是早上想什么时候起床就什么时候起床，有时候逃课也没人管。

上班了就不同了，如果迟到就会扣工资，还要受批评，严重的还要被开除；你也许要经常出差，到处奔波；你也许要经常和客户打交道等。职场上的生活节奏复杂得多，所以，要学会及时调整。

(3) 环境上调整

进入一个公司应该首先熟悉公司的大环境，了解公司的各项规章制度，别等自己犯了规则后才去了解。每个公司都有不成文的规则，了解并顺从这些规则，有助你融入这个大环境，别企图打破它。

别奢望公司会花很长的时间对你进行培训。每个老板都希望新人迅速做出成绩来。你必须自学。为了加快学习的速度，你可能需要加班，甚至把工作带回家里去完成。

(4) 行动上调整

学会适应新的工作环境，是一个人获取职业成功的前提和基础，如果稍微遇到一点困难，或遭受一点挫折，就这山望着那山高，终难有所收获。具体说来，怎样培养自己适应环境的能力呢？

能与人默契合作是一项本事,有的人天生具有这个本事,而大多数人需要后天的不断学习才能做到。请求同事的帮助可以加深你和同事的感情,但是别重复问同一个问题,也不要拿无数问题麻烦同一个人。此外,从细节上注意自己。

实践经验表明,只有始终保持头脑清醒的人,才能不断取得成绩,获得成功,才能顺利成长,日臻成熟。作为领导干部要时刻清醒地认识到:在个人与组织的关系上,一个人的成长和进步离不开组织的培养和造就。

一个人肯干事是态度,想干事是热情,会干事是能力,干成事才是本事,这种本事靠上级封不出来,靠权力压不出来,靠自己吹不出来,只有靠实实在在做人、认认真真做事,才能逐步得到提高。

总之,对于新参加工作的人来说,在职业工作中出现各种不适应,是必然的,但同时我们也应看到,它又是一种暂时的现象,人们大可不必太过忧虑。如果能够正视这种现实,同时以积极的态度和行动对待之,那么,大多数人一定可以摆脱困境,并从职业工作中得到无限的乐趣和享受。

贴心小提示

亲爱的朋友们,如果你是一个刚刚踏入职场的菜鸟,想要尽快适应环境就要做到"三勤":勤于学习、勤于思考、勤于交流。

一是要勤于学习,从内容上来划分,既要学习本职工作中的核心内容,又要学习为人处世;从对象上来划分,既要向本单位的领导同事学习,又要向其他相关部门学习。

二是要勤于思考,经常多问一个为什么,养成任何事情在自己头脑中经过的时候多加一道反思程序的习惯，会在不知不觉中进步。

三是要勤于交流，与别人沟通的过程也是自己不断成长的过程。多听听别人对走过的路的感受和对一些工作的看法，对自己的成长很有好处。

用理智的眼光对待跳槽问题

跳槽是一门学问，也是一种策略。大致来说，一个人跳槽的动机一般有如下两种：一是被动的跳槽，即个人对自己目前的工作不满意，不得不跳槽，它包括对人际关系工作内容、工作岗位、工作待遇、工作条件、发展机会的不满意等方面。二是主动的跳槽，即面对着更好的工作条件，如待遇、工作环境、发展机会，自己经不住"诱惑"而决定跳槽。

总之，合理的跳槽一定程度上有利于促使用人单位内部加强管理，不断改进和提高用人单位环境。同时，青年朋友们也不要好高骛远，一定要根据自己的实际情况来看待。

1．了解跳槽的原因

追求物质生活的满足是每个人的愿望。企业为其提供的薪酬福利水平很大程度上决定了人员的去留情况。此外，分配上的不公平，工资制度不合理，工资不能体现员工的工作价值等，都影响了员工的流动。

（1）机制不够健全

受传统习惯的影响，在选拔任用人上论资排辈现象严重，造成人员闲置，用人不当。一些人员刚工作对各方面都处在了解熟悉阶段，工作热情高涨，学习动力足，工作效率高。

但是当连续工作几年而且表现不错,还没得到晋升,因为得不到良好的发展空间,就会降低员工的工作满意度及工作效率。如果员工有较强的技能就会通过跳槽,改变工作环境,争取发展的空间,达到晋升的目的。

(2)缺乏有效管理

高度集权的管理方式,不重视下属的真实感受和需求,把人才视为归我所有,为我所用等。使人才潜力得不到很好的发挥,挫伤他们的工作积极性和进取性。还有管理者不善于理解与认识企业员工的情绪和情感的需求,当员工情绪发生问题时得不到及时解决,必然影响到团队的健康,严重时危机企业的内部管理,以至出现企业高层带领下属团队集体跳槽或另起炉灶的情况。

由此,管理者的管理风格,性格特点,工作能力及工作氛围,上下级关系等都是影响员工跳槽的因素。

(3)缺乏合理培训

现代社会高速发展,不培训员工,企业的人力资本很快不适应企业的发展,新技术、新知识得不到及时应用。因此员工迫切需要不断学习,及时"充电"才能跟上形势的发展。

但是不少企业在培训费的投入与培训机会的提供上不合理,造成人员的心理不平衡是人员跳槽的一个方面。另外,企业的培训效果很好,员工的能力得到了很大的提高,但企业没有在培训前考虑好培训后人员使用问题,结果使能力想得到提高的人员因无用武之地而跳槽寻求更大的发展机会。

(4)观念影响

近几年来,大学生就业难问题越来越突出,一些企业对应聘大学生要求苛刻,尤其还要工作经验等。这使大学生就业雪上加霜,为了以后找到更好的工作。先获得工作经验,使得大学生先就业再择业的观念得到普遍认同，这也增加了跳槽的机会。

2. 认识跳槽的心理

目前，越来越多的人开始尝试跳槽，他们中的很多人都找到了更适合于自己的工作，但也有一些人未能如愿以偿，甚至觉得每况愈下。造成这些结果的原因是多方面的，其中一个重要因素就是跳槽时的心理状态陷入了误区，主要表现为这几种：

（1）冲动心理

有些人由于一些突发事件，如未获得期望的奖励，与同事、上级发生争执被人误解等，决意要离开现单位，而全然不顾所付出的代价。事实上，这些人所关注的并不是将要加入的新单位，而是要尽快摆脱目前的工作环境。

这就难免造成他们在挑选新单位时显得过于急切。他们往往抱有"不管新工作如何，先离开这里再说"的想法，很显然这种情况下是很难一下子找到合适的工作的，不得不屈就某处。即使以后有了更好机会而另谋他职时，也已浪费了不少时间和精力。

（2）盲从心理

有些人选择工作并非根据自己爱好及个人能力特点，而是随波逐流，哪种行业热门就转向哪个行业。其实，行行出状元，不同的工作虽然整体看来有收入、地位、条件等各种区别，但对于每个人来说，最重要的是工作要适合自己。

（3）攀比心理

择业时以别人的工作为标准，想方设法为自己找一个符合此标准的职业，这个标准可能会是收入、住房福利、出国机会等。这种心理片面强调单方面因素而忽视其他重要方面因素。

（4）犹豫心理

指在做出是否跳槽决定时表现出犹豫不定，不知是否应该冒险舍弃目前的工作。抱有这种心理的人一方面对新工作很感爱好，另一方面又害怕放弃原来的工作会带来太大损失，他们患得患失，反复权衡，难以从大局出发。这样的心理往往会导致两相权衡时莽撞从事，而最终错误做出转换工作的决定。

从以上列举的情况可以看出，不管是哪种心理误区，其根源都在于不能对各方面信息进行全面细致和主次分明的考虑。想要成功地跳槽，就需要对主客观两方面因素加以认真分析把握，再加上科学的决策方法，这样才能抓住良机，把握人生。

3. 正确对待跳槽

跳槽是一种双向选择的人才流动行动，能实现社会价值与个人价值的有效统一。合理的跳槽一定程度上有利于促使用人单位内部加强管理，不断改进和提高用人单位环境。同时，青年朋友们也不要好高骛远，要根据自己的实际情况来看待。

（1）树立正确的价值观

当前，青年朋友们正面临着人生发展的最为关键的时期。时代要求要在学习生活各方面全方位面对和思考如何正确处理个体与社会的关系等一系列重大问题。我们要学会生存，学会学习，学会创造，学会奉献，这些都是我们将来面向社会和生活所必须具有的最基本、最重要的品质。

其中，最核心的就是学会如何做人，学会做一个符合国家繁荣富强与社会不断进步发展所需要的人格健全的人；学会做一个能正确处理人与人，人与社会，人与自然关系并使之能协调发展的人；做一个有理想、有道德、有高尚情操的人。总而言之，做一个有利于社会、有利于人民、有利于国家的人。这就要求我们每个青年,必须从现在做起牢固树立正确的人生价值观。

(2)正确对待物质诱惑

财富并不只是权力、金钱,它们只是财富中比较引人注目的一种而已。你对工作的抱怨表示你对现状有所不满意,你在试图努力改变它们,在追求你想要的东西。这种欲望、上进心也是财富。也许现在的不如意、逆境、挫折乃至苦难都让你觉得难过,但这都是你的财富。

人们常说,苦难是最好的大学,古今中外,凡成就大事业者,无一不是从苦难中走来的。在逆境中,我们会经受各种考验与锤炼,百炼成钢,成就我们非凡的意志品质和能力,"苦费心志,劳其筋骨,增益其所不能"。逆境并不可怕,可怕的是你把它看成结局而不是过程。

(3)处理理想与现实关系

人是生活在现实和理想以及物质和精神的世界之中的。现实世界、物质世界是人得以生存和发展的基础,理想世界、精神世界则是人生活的动力和价值取向。我们主张每个人都应该有他一定的物质利益,反对的是将个人利益置于社会利益之上,唯利是图、损人利己。

总之,青年朋友们要摆正自己的心态,从学校走入社会后,要重新洗脑,一切从基层做起。现在大学生择业还普遍存在一种现象:志大才疏,眼高手低,大事做不来,小事不肯做,大学生在择业时挑肥拣瘦,这山望着那山高。到头来却两手空空,一事无成。

因此,求职者在择业前,应把自己的专业特长与用人单位的需求实际结合起来,对照衡量后再去择业。

贴心小提示

亲爱的青年朋友们,如果你们决定要跳槽,那么跳槽之前一定要把握好以下几个原则：

一是看看工作单位近期和远期的发展情况，看看工作单位的地理位置、人文环境、交通情况，当然还要看看工作单位给自己的报酬等，这些情况掌握不好是不能随意跳槽的。

二是跳槽之前，必须考虑到合同期限，这样便于考虑下一步跳槽方向和目标。考虑过早，时机不成熟走不了。当合同满了再去考虑就来不及了，所以要把握好时机。

三是跳槽必须有勇气，有气魄，敢于挑战自我。既已论证，已有了方向和目标，就要有勇气走向新的岗位，哪怕吃亏，哪怕有新的困难和挑战，都应面对它、战胜它。

克服工作中急于求成的心理

心理学上认为，急于求成与一个人的气质和性格类型有关，一般来说，急于求成的人遇事急躁，缺乏耐心，沉不住气，这是一种不良的情绪。

除了气质与性格对急于求成这种心理有一定的影响外，与一个人后天所处的环境与教育、自身的修养、认识也有较大的关系。

在实际工作中，青年人要正确面对理想和现实的差距，找准自身定位，明确奋斗目标，努力克服急于求成的心理，如此才能有所作为。

1. 认识急于求成的原因

青年朋友们产生急于求成心理在某种程度上是正常的，对于刚出校门的大学生来说，由于刚踏入社会，对社会的现实和职业的认识还不太清楚，所以对待这一阶段要有充分的认识。

产生这种急于求成心理主要是基于以下几方面：

（1）理想与现实脱离

虽然当前的青年朋友们很清楚大学生就业形势的严峻，但一旦发现与他们所想象的理想工作存在很大的差距，于是，就会出现一些急于求成的现象。

初入职场的青年朋友们往往会非常积极，充满工作激情。从工作的第一天起，每人都有一番雄心壮志，希望在工作中尽快脱颖而出，走上管理阶层。然而，一旦自己在短期内的努力，没有马上得到回报，就会认为这公司不重视人才。

殊不知，也许你就是一个潜力股，领导会在对你考查一段时间后，会让你从事更多更重要的工作岗位，但由于一个急于求成的心态，让成功与你失之交臂。

刚参加工作的青年朋友们在和自己同学交流的过程中，很多人都表现出对目前工作的不满，甚至对别人的离职特别不了解，认为那么好的工作怎么会离职？当出现这种心态的时候，有没有认真思考过究竟是自己的问题还是企业的问题。

沉下心来，踏踏实实地干一段时间，当真正地融入企业里干一段时间后，也许你会重新找到自己的定位，发现自己的价值。

（2）不能冷静看待问题

急于求成与冷静是相对立的。由于青年朋友有时思想没有保持冷静，急躁情绪便容易产生。遇到事情之后，没有在采取行动之前耐心地做好事前准备，心情急躁地进入活动之中，这样就容易产生急于求成的心理。

2. 克服急于求成的方法

急于求成的青年人，对某件事情，一阵兴头上来，马上动手去干。既无认真准备，又无周密计划。

有时某项工作才开了个头，就急于见成效，特别是当工作遇到困难时，更是急得如热锅上的蚂蚁，恨不得来个"快刀斩乱麻"，一下子把问题解决。那么应该如何克服这种心理状态呢？

（1）以冷制急法

在重大行动前耐心地做好周密准备，以便心情平静地工作；时刻保持清醒；对不利情况冷静分析，采取恰当的对策，改变和消除不利情境，切忌"快刀斩乱麻"，不顾一切蛮干一通，把事情办得更糟。

（2）行为条理法

容易急于求成的青年人，应具有持久不懈地克服急躁情绪的精神准备，从点滴入手，培养心境的宁静和稳定，建立一套新的行为规则，督促自己过有秩序的生活，进行有秩序的工作，培养行为的计划性、条理性，使生活充满节奏感。

（3）磨炼养成法

青年朋友们应该采取一些措施，把急性子磨慢，经常做些需要很大耐心和韧劲才能做好的事。如临摹绘画、解乱绳结、下棋、解魔方等，持之以恒，一般都能收到较好效果。

（4）预期时间法

青年人要学会确立合理的、适度的预期时间。有的青年人没达到预期目标就着急起来，看看收效不明显就发急。这些都是预期时间不恰当的缘故。而这些不稳定情绪又会妨碍人们持续努力，最终会影响目标的实现。那种企图通过"短促突击"立见成效，经过一阵子的奋斗就来一个一鸣惊人的想法，是很不现实的。

（5）自我放松法

当急于求成心理已经产生时，及时进行心理上的自我放松，暗示自己"这件事根本就不值得着急""着急会把事情办坏的"等，使冲动和急躁的心情平静下来，再从容不迫地进行工作。急躁心情有可能不断出现，需要不断地进行心理上的自我放松，直到急于求成的心理被克服为止。

总之，对于初入职场的人，你必须清楚地认识到，现在自己还不是一颗珍珠，你还不能苛求立即被别人承认，不要急于求成，安下心来对待自己的工作。

如果要别人承认，那你就要由沙子变成一颗珍珠才行，若要是自己卓然公众，那你就要努力使自己成为一颗珍珠。

成长的道路是痛苦的，蝴蝶是蛹的时候，也是丑陋和痛苦的，一旦冲破了茧的束缚，就将化为美丽的蝴蝶，得到真正的自由和快乐。

贴心小提示

亲爱的朋友们，当你面对工作而产生了急于求成的心理的时候，你要试着让自己平静下来，那么来试试以下几点小建议：

一是当快要失去耐心时，问问自己为什么会觉得这么糟糕，将那些真正重要的事情与无意义的事情分开。

二是态度决定一切。重组现有的条件，找出有助于改善结果的视角。

三是提前为可能引起人急躁的事情做好身体和心理上的准备。等车时看看带的书，堵车时就听听CD。常常提醒自己，世界不是围着自己转的。

四是当感到快失去耐心时，做几个深呼吸，然后从1数至10，再开口说话或做事。按时吃饭,人体内血糖降低时易烦躁。少喝咖啡,超过两杯能让人更容易激动。劳累过度的成年人与劳累过度的小孩子一样,都不能很好地处理挫折。

正确看待职场上的提拔晋升

提拔晋升是职场上许多人的愿望,这意味着受到领导的重视,也意味着工作成效和工作能力得到了领导的肯定。同时希望得到提拔晋升的人,也意味着有一定的进取之心。但就实际来说,领导职位往往是有限的,一个人能否被提拔、什么时候提拔,除了要看个人的素质和条件,还要看工作需要、领导班子结构、职数是否空缺等。

而且职务层次越高,职位就越少,提拔的概率也就越小。不可能个人想提就提,也不可能够了年限就提,在职位空缺与等待提拔这对供求矛盾中,永远是求大于供。所以青年朋友们要学会正确地看待提拔晋升的问题,对此要做到淡泊名利,志存高远,要正确处理得与失、名与利的关系,始终保持一种昂扬向上的进取精神。

1. 了解心理失衡的原因

心理失衡,是事物存在的一种条件。比如杂技,就是许多人喜爱的平衡艺术;又如高楼大厦,是因为地基的牢固,才有高大挺拔的壮观;还有宇宙星球之间,由于引力的平衡,使得人类在地球上生存和发展,青年朋友们在面对提拔晋升这个问题造成心理上的不平衡的原因有哪些?

(1)不知足常乐

一些青年朋友们对自己过分苛求,有时候心理不平衡,攀比心太重,使自己常处于紧张状态的。有些青年朋友有自己的抱负,但是自己的晋升目标定得太高，根本实现不了，就会抑郁烦恼，把目标和要求没有定在自己能力范围之内，从而导致在提拔晋升问题上的心理不平衡。

（2）过于自满

部分青年朋友们工作态度自满、懈怠、停滞，没有以正确的态度对待工作，不能胜任本职，但是成就事业离不开不断学习，解决新问题离不开学习。这样就容易产生不良情绪，在提拔晋升的时候心理落差太大造成心理疾病的产生。

（3）态度平衡

青年朋友们应该以不攀比、不计较、不失衡的态度正确对待名利。但是有些人看重名利，没有看轻得失，对职务进退、荣誉评定、报酬多少报以不满足和不平衡的心理，把名利看得过重，并没有把全部的心思和精力投入工作中去。有这样一句话："让鸭子去游泳，让兔子去跑。"意思是天地万物各有所长，各有各的位置。作为青年人，最值得肯定的就是时时事事能扬长避短，扬长避短就是找准自己的位置。

2. 正确对待提拔晋升

每次职位变动或者调整以后，总是有人被提拔，有人被变动岗位，只是调整变动的范围大小不一样而已。当然，提拔的里面还有满意和不满意的，更不要说没有被提拔的了。

有的青年朋友们看到别人晋升，自己就会心猿意马，对干工作没劲头。还有的青年朋友对自己没有得到提拔重用，不仅不从自身找原因，还常常抱怨自己机遇不好，而很少从个人对待机遇的态度方面找原因。这样的心理状态是不对的，那么应该如何正确对待提拔晋升呢？

（1）学会顺其自然

青年朋友们要怎么才能做到顺其自然呢？顺其自然，从大的方面讲是在工作上的表现，从个人角度讲就是抓住了机遇。首先自己思想上要确立在工作上自己所在的公司是不会亏待任何一个人的观念。

职位进行调整的时候，上司往往要考虑方方面面的因素，除了提拔人的年龄、性别、性格、文化、地域、将来的分工等因素外，还要考虑部门之间提拔的人数是否大致平衡，有些部门是否能推荐出来等。公司是绝不会故意亏待谁的，更何况人员调整是动态的，即使一次安排的不理想，只要你正确对待，服从组织决定、德才兼备、工作努力，以后还是有机会的。思想上顺了，行动上才会顺其自然，公司给你的都是机遇。

如果青年朋友们，工作没做好，犯了错误，不服从公司的调动，跟上司讨价还价，不那么顺其自然，这就是青年朋友把自己的机遇给放弃了。

一般来说，公司根本不欠任何人的，顶多是自己认为应该得到提拔重用的而没有得到。青年人做好本职工作是应该的，何况已经得到了应该得到的报酬和待遇。公司从来没有承诺干部干到什么程度就提拔个什么职务，享受职级是公司对你工作的另外一种肯定，和提拔职务是两回事，所以，无论什么时候都要服从单位决定。

（2）正确看待机遇

青年朋友们要知道任何时候都有机遇，关键是你怎么看。顺境是机遇，逆境同样是机遇。得到提拔重用是干事创业的机遇，没有得到提拔重用同样是我们陶冶情操、磨炼意志、修身养性、积蓄力量的机遇。

要辩证地看待自己所从事的工作，做到淡泊名利，志存高远，要正确处理得与失、名与利的关系，始终保持一种昂扬向上的进取精神。努力做到重事业、轻得失、少索取、多奉献，始终保持一种积极向上的工作态度，学会用健康的心态看待工作方面的压力和利益方面的诱惑。要耐得住寂寞，经得起挫折，受得了委屈，始终保持一种坦然平和的心态。

正确看待个人的上与下、得与失、快与慢。上与下、得与失、快与慢，都是相对的、辩证的。有上就有下，再高的职务，再大的能耐，总有下的时候；有得也有失，有时表面上看是多得一些，但实际上却失去很多；有失也有得，有时表面上看是少得甚至没得，但后来却得到了很多。

总之，要做到提拔或重用的时候，保持清醒头脑，决不能沾沾自喜、自傲自负，在一个岗位任职时间较长的时候，防止心浮气躁、得过且过、放松要求，防止心态失落，做到有始有终。

贴心小提示

亲爱的朋友们，淡泊名利是保持一颗平常心看待工作上的升迁问题，所以保持淡泊名利的心态要做到以下几点：

一是要做到信仰至上，人生总会有所追求，一个人如果心中没有远大的目标，势必就会看重眼前的名利。要淡泊名利，无私奉献，总要有肯于为之奉献、为之牺牲的东西。失去了远大的目标，自然就会看重眼前的名利。

二是要做到不与他人攀比，青年朋友们经常因为同他人比较后而产生挫折感、失落感、不公平感。因此，要想淡泊名利，就必须学会正确比较。

三是要做到控制物欲，名利本身并不是人生追求的最终目的，追求名利主要还是为了满足欲望。因此，要淡泊名利，无私奉献，必须从根本入手，控制住自己的物欲。俗话说，"世上莫如人欲险"。一个人的物欲越强，他的名利思想也就越强。如果物欲淡一些，做到寡欲，也就比较容易淡泊功名，达到"人到无求品自高"的境界。

第五章　人生发展的心理塑造

　　所谓人生发展的心理塑造，简明地说，就是人生发展心理学，它是指从一个人一生发展的角度来对人生心理发展进行解释和分析，力求通过对人生心理发展的研究，揭示人生各阶段的心理发展特点及其影响因素。

　　通过对人生发展心理学的学习，可以使青年朋友们更好地认识自己、理解他人，科学地运用一些知识和方法，成功地解决实际生活中遇到的各种发展问题，从而以积极的心理面对人生。

理想是人生发展之路上的明灯

　　理想是暮色天空中闪烁的星星，是黑夜里指路的灯塔。理想不像空想、幻想、梦想如空中楼阁、海市蜃楼那样的虚无缥缈，它似春日里姹紫嫣红的花朵，似天空中洁白的云朵，那样地美好。一个有崇高理想的人他的生活态度是激昂的，向上的。

　　一个人要想有所作为，就必须先确立自己的人生奋斗目标，并为之去努力，去奋斗。只有这样你才能有幸品尝到成功的喜悦。

　　青年朋友们，能梦的时候不要放弃梦，能飞的时候不要放弃飞。为了自己的理想努力拼搏奋斗吧！

1. 认识理想的作用

　　理想是一个抽象的概念，它指人们希望达到的人生目标和追求向往的奋斗前景，是由人所设定的。理想以人为主体，如果离开人对未来的想象，就会失去其存在的意义。从这个层面上来说，理想是人生的奋斗目标，是人们对未来的一种有可能实现的想象。一个人的理想可以有很多种，在每个人的意识中，受认识和价值的影响理想也具有其多样性和变化性。理想既不同于幻想，也不同于空想和妄想，它作为人头脑中的一种意识形态，是一个人人生观和世界观的集中表现。

理想是人的心灵世界的核心。人生有无理想，有什么样的理想，决定了人生是高尚充实，还是庸俗空虚。追求远大理想，坚定崇高信念，是青年朋友们健康成长、成就事业、开创未来的精神支柱和前进动力。

在人的生命历程中，理想和信念是如影随形相互依存的。理想是信念的根据和前提，信念是实现理想的重要保障。理想也是信念，信念亦是理想，当理想作为信念时，它是指人们确信的一种观念和主张，当信念作为理想时，它是与奋斗目标相联系的一种向往和追求。

理想作为一种精神现象是人类社会实践的产物。人们在改造客观世界和主观世界的实践活动中，既追求眼前的生产生活目标，渴望满足眼前的物质和精神需求，又憧憬未来的生产生活目标，期盼满足更高的物质和精神要求；理想是一定社会关系的产物，它既带着特定历史时代的烙印，又带着特定阶级烙印。理想源于现实，又超越现实，它激励着人们在现实生活中一步步地为实现理想目标而奋斗。理想是多方面和多类型的，而它也是推动人们创造美好生活的巨大力量，那么具体来说，理想有什么作用呢？

(1) 指引人生目标

人生是一个在实践中奋斗的过程。要使生命富有意义，就必须在有意义的奋斗目标的指引下，沿着正确的人生道路前进。理想对人生历程起着导向的作用，是人的思想和行为的定向器。

理想一旦确定，就可以使人方向明确，精神振奋，不论前进的道路如何曲折，人生的境遇如何复杂，都可以使人透过乌云和阴霾，看到未来的希望和曙光，永不迷失前进的方向。

(2) 提供前进动力

理想是激励人们向着既定目标奋斗前进的动力，是人生力量的源泉。

一个人有了坚定正确的理想，就会以惊人的毅力和不懈的努力，成就事业，创造奇迹。

古今中外无数英雄豪杰之所以能在充满困难的条件下最终成就伟业，一个重要的原因就在于他们胸怀崇高的理想信念，因而具有锲而不舍、披荆斩棘的动力。与此相反，一个人如果没有崇高的理想，就有可能浑浑噩噩，庸庸碌碌，虚度一生，甚至腐化堕落，走上邪路。

（3）提高精神境界

人生是物质生活与精神生活相辅相成的统一过程。理想信念作为人的精神生活的核心内容，一方面能使人的精神生活的各个方面统一起来，使人的内心世界成为一个健康有序的系统，保持心灵的充实和安定，避免内心世界的空虚和迷茫；另一方面又能引导人们不断地追求更高的人生目标，提升精神境界，塑造高尚人格。

一个人的理想越崇高、越坚定，精神境界和人格就会越高尚。

（4）消解自我迷惘

自我意识，是指个体对自己各种身心状态的认识、体验和愿望，以及对自己与周围环境之间的关系的认识、体验和愿望。

形成正确的自我意识，是心理成熟的标志，对心理健康有明显的正面效应，它可以促进社会适应和谐人际关系；可以促进自我实现，创造最佳心理质量；有助于自我教育和自我完善。

2. 树立远大的理想与信念

漫漫人生，唯有激流勇进，不畏艰险，奋力拼搏，方能中流击水，抵达光明的彼岸。

科学的理想信念，正是当代青年人乘风破浪、搏击沧海的灯塔和动力之源。

我们追求远大理想，坚定崇高信念，在为实现中国特色社会主义共同理想而奋斗的过程中实现个人理想，是自身成长成才的现实需要，是国家和人民的殷切期盼，是践行社会主义核心价值体系和实现中华民族伟大复兴的客观要求。

那么，作为当代青年人应该树立怎么样的理想信念？

（1）遵循符合实际的原则

每个青年人的性格、心理、特长也都是千差万别，不尽相同的。不要拿自己的与别人进行简单的比较，这样有可能会打击到自己的自信心。有的青年朋友不擅长学习，不见得就不擅长其他，只要把自己的特长和特质发挥好，甚至发挥到极致，照样可以成为社会有用之才。

不要勉强自己一味地重"学习成绩"轻"生存技能"，重"仕途成功"轻"综合成才"的错误做法，这样只能使自己未来的道路越走越窄，使自己距离最初的理想越来越远。

（2）遵循艰苦努力的原则

有了明确理想的青年人要比那些稀里糊涂的学习和生活的孩子更坚定更成熟一些。当然，在自己树立理想的同时，也要把自己本身的理想从个人兴趣出发引导到和社会发展的需要联系到一起；引导自己把理想建立在较为实际的基础上，去掉带有幻想色彩的成分。

要懂得，理想不是轻而易举就会实现的，必须付出艰苦的努力，光有理想而不去努力，不在日常的学习、劳动和生活中锻炼自己、提高自己，那么再好的理想也只能是水中之月和镜中之花。

（3）遵循落实行动的原则

青年朋友们要学会促使自己的理想落实在行动之中。比如在家里，要教育培养自己独立的生活能力，养成良好的学习、劳动和生活习惯，每做一件事都要坚持到底,不怕困难。使自己深刻认识到,要实现自己理想必须从现在做起。

青年朋友们还要积极参加各类竞赛活动,积极参加学校的各种兴趣活动小组,提高竞争意识;要鼓励积极参加社会实践活动和社会志愿者行动,培养自己的社会参与意识和社会责任感。

在这些获取知识和提高能力的活动中,青年朋友们的意志品质包括实现自己理想的意志力都将得到极大地提高。

总之,当你的内心感到迷惘时,当你对自己的理想和信念无助时,你要尝试着让自己走出迷惘,学会树立正确的理想与信念,那些才是人生经历中最重要的东西。

在人的生命历程中,理想和信念总是如影随形,相互依存。理想是信念的根据和前提,信念则是实现理想的重要保障。在很多情况下,理想亦是信念,信念亦是理想。

贴心小提示

亲爱的朋友,人生是短暂的,要尽早确立自己的理想与目标才会使得我们的生活有真实存在的意义,那么应该如何去做呢?

一是确立目标,确立具体的目标,明确目标才能实现,否则是无意义的美好愿望而已。

并且告诉自己的潜意识:这是真的,一定能实现这个目标的价值和意义。理由越有价值越好。这样有助于认识目标的必要性和重要性,从而增加实现目标的使命感,获得内驱动力。

人活着是为了获得幸福,而痛苦却伴随着人生。确认阻碍,是为了有备无患。同时要记住:阻碍是考验我们的问题,但不能阻碍我们的前进。每前进一步都会有阻碍，实现目标的过程，就是克服阻碍的过程。

二是制定实现目标的措施，一旦确定了目标及实现目标的方法，就要制订每年、每月、每周、甚至每天的计划。列出目标分解一览表。没有行动再好的设想也只是愿望。

忘掉昨天，把握今天，不等明天，立即就做，现在就做。你的目标层次越高，眼界就越宽阔，你心里的世界就越大，你的思想也就越积极。更高的目标，更易发挥潜能，催人奋进。你所做的事情，都应该指向你的人生目标。

保持一份崇高的责任感

责任感是一种高尚的道德情感，是一个人对自己的言论、行动、许诺等，持认真负责、积极主动的态度而产生的情绪体验。它能够有效地提高青年学习的主动性和积极性，自觉加强意志锻炼，促进个性的全面发展。

1. 认识责任意识淡薄的原因

责任是指分内应做的事情，即承担应当承担的任务，完成应当完成的使命，做好应当做好的工作，在现在这样一个竞争越来越激烈的社会中被更多的关注。责任意识，就是知道什么是责任，并且自觉、认真地履行社会职责和参加社会活动过程中的责任，责任意识是不可缺少的，但是由于各方面的影响，不少青年人的责任意识比较薄弱。那么导致青年社会责任意识淡薄的原因有哪些呢？

（1）不良行为影响

社会上存在一些不良行为的泛滥现象，如随地吐痰、加塞儿、"规则意识"淡薄、出租车"宰客"等。这些看似属于小节和个人习惯，其实质反映了人们个人意识过强，较少考虑社会和他人，缺少社会公德心，文明素养差。"小毛病"造成的直接后果是社会秩序混乱、城市环境凌乱、人们心态紊乱。这些恶习势必影响青年一代的心理健康。

（2）生活环境影响

现代的青年从小享受着家庭的温馨，父母的呵护，生活在关爱甚至溺爱之中。过于优越的环境造成了他们生活能力弱、个体意识强、心理脆弱、缺乏责任感的现状。

（3）应试教育影响

素质教育讲求"面向全体"和"面向全过程"，以培养品德和能力为核心。但在一些学校、一些部门、一些教师的思想中还存在着：重学习、轻品德；重知识、轻能力；重灌输、轻培养的现象。造成学生高分低能，放松对自己品德的陶冶，影响了青少年良好世界观的形成。

青年将承担起国家重任，迎接知识经济、国际竞争的挑战。没有强烈的社会责任意识，没有健康良好的思想品德，没有应对挫折的能力是不可能完成这一光荣而艰巨的历史使命的。

2. 培养社会责任意识的方法

现实社会生活中，青年朋友们的责任意识也在渐渐地淡化，重个人利益，轻社会集体利益，事不关己或对自己没有利益的事情就不去做，对自己行为不负责任，知行不一致，公德意识差等。

那么我们应该如何培养自己的社会责任意识呢？

（1）家庭教育

家庭责任意识教育不仅是帮助孩子走向成熟的一种手段，更是造就人才和使家庭幸福的重要保障。

首先，要树立正确的教育观念。在孩子成长过程中，家长不能过分宠爱，不能把孩子当作盆花养护，应改变一切包办代替的做法，要有意识培养他们的社会责任意识，让他们从小就懂得每一个社会成员都有自己应该尽的社会责任。

其次，要提高家长自身素质。家长要有不断接受新知识、接受新思想的意识，并通过不断的学习完善自己的各方面素质，注重自身修养的提高，要做孩子的好榜样，家长自身对家庭对社会的责任心如何，让孩子得到及时的保障。

（2）社会实践

青年责任意识的形成是其认识过程、行为过程和情感过程的统一，三者统一的基础就是实践。社会实践是公民磨炼意志、砥砺品格的重要方式。在实践的大课堂中，青年公民可以了解社会、认识国情，正确把握社会发展的主流和本质，认识社会发展的趋势和远景，树立起自身的责任感和使命感。

（3）承担责任

责任意识是一个人追求的内在动力，责任意识的培养直接影响到青年朋友们树立什么样的理想和追求，影响到他们人生观、价值观的确立，对其今后的成长和发展起着至关重要的作用。只有能够承担责任、善于承担责任、勇于承担责任的人才是可以信赖的人。决定一个人成功的重要因素不只是智商、领导力、沟通技巧等，还有责任意识。责任意识是实现人生价值和走向成功的阶梯。

总之，社会责任意识是人们道德情感的重要表现形式，它能强烈地折射出人的道德认识、道德情感和道德水准。它也直接关系到社会秩序的安定，社会文明的高低和民族的凝聚力、发展力。

贴心小提示

亲爱的朋友们，社会是不断进步发展的，所以培养自我的社会责任意识极其重要，那么提高自我的社会责任感有哪些小对策呢？

一是提高认知水平，青年是国家的未来，应承担起更多社会责任和实现更大的社会价值，社会价值的最大实现才是自我价值的真正实现。理想信念是青年朋友们社会责任感的源泉和精神动力，远大的理想信念，能激发大学生的社会责任感。培养社会责任感就要从具体工作做起，从一点一滴做起，在具体的活动中培养。

二是树立心中的榜样，榜样示范既是一种责任教育方法，也是一种责任教育手段。在心中树立社会和道德行为的榜样，能够帮助帮助自己培养社会意识和责任心。

一般来说，社会责任感是基于对社会、国家的热爱，并在这种强烈的感情支配下，主动承担义务和责任的精神。所以青年朋友们要培养这种情感，拥有一颗感恩之心。

去除前途渺茫的消极思想

自我感觉前途渺茫是一种消极而失望的意识，是一种自卑灰暗的心理，它往往会泯灭人的勇气和斗志，让人陷于不思进取的沉沦之中。

前途渺茫感的产生，往往并非认识上的不同，而是感觉上的差异。其根源就是人们不喜欢用现实的标准或尺度来衡量自己，而相信或假定自己应该达到某种标准或尺度。如"我应该如此这般""我应该像某人一样"等。这种追求大多脱离实际，只会滋生更多的烦恼和自卑，使自己更加抑郁和自责。

对此，青年朋友们要学会树立自信心，克服前途渺茫的心理。

1. 认识前途渺茫感产生的原因

许多青年朋友都有这种前途渺茫的心理，虽然青年朋友们的年纪不大，但是，也有这种渺茫感的时候。青年人的前途渺茫心理的产生，常来源于以下的原因：

（1）怀疑自我能力

在青年朋友们所产生怀疑的众多因素中，最可怕的莫过于对自己的工作能力缺乏自信了。如果一个青年人内心深处对自己的能力缺乏信心，心理上就会产生障碍，而这种障碍又直接阻碍了他的前途发展。在经历过几次不成功的工作之后，这种怯生生的怀疑就会变成沉重的精神负担和自卑心理。

青年人一旦在能力、创造力等主要前途方面缺乏自信，就会将自己的优越感忘得一干二净，坠入前途渺茫感的泥潭难以自拔。

（2）惧怕他人拒绝

青年朋友们尽管有时候因怀疑自己的能力而表现出犹豫和胆怯，然而更多的是在更多的情况下，还是敢同厄运做殊死搏斗的。青年朋友们真正惧怕的是在求职的时候被拒绝。

无论是求职，还是与上司沟通，都怕遭到拒绝。一旦青年朋友们在关于工作的方面被直截了当地拒绝了，很可能从此患上心理疾病，严重者可导致自信的丧失。被拒绝后所产生的渺茫感，一般很难通过理智消除，往往需要一段相当长的时间，才能恢复自信。

（3）失败引发恐惧

青年朋友们比较注重成就感，因而对失败恐惧要强烈得多。事情偏偏就是这样：怕鬼偏有鬼，内心深处越是惧怕失败，就越显得神经质、越容易出差错。

总之，当一个人自信的力量不足以抵抗这种不安和恐惧时，就容易感觉力不从心，产生无力感，从而丧失信心，产生前途渺茫之感。

2．克服前途渺茫心理的方法

一个人要正确认识自己，充分了解自己的性格优势与不足。要学会扬长避短有助于形成自己独特的自信心。人是不断变化发展的，我们需要不断更新、不断完善对自己的认识，才能使自己变得更好和更完美，才能有助于克服心理上前途渺茫的思想。

（1）树立自信心

首先，青年朋友们要学会树立自信心，认为自己干什么事情都能行，只有认识到通过自己的努力，自己一定能达到目标的。这样才能对自己的前途和未来充满强大的信心，并且从心灵上确认自己能行，自己给自己鼓劲儿。只要有心理准备，你就不会为一点困难而退缩。

青年朋友们的发展目标在时时发生变化，只要克服前途渺茫的心理，树立自信心，做自己幸福的缔造者，学业或者事业就会成功。

（2）学会自我调节

青年朋友们要经常注意自我调节，即使对自己的工作现状不太满意也尽量不要放在心上，时常做些放松我的事情，例如，玩玩游戏，看看电视一类的。

青年们造成前途渺茫究其原因，就是把工作等方面看得太重，要学会换一种方式来考虑问题，要学会调整自己的心态，要学会超越自我，这句话的意思就是，心里不要总想着前途、总想着工作；只要努力了，那也是超越了自我。这也就是说，不与别人比，就与自己比，这样心态就会平和许多，就会感到没有那么大的压力，试着按照这种方式来调整自己，青年朋友们就会发现，在不经意中，心情会舒畅很多。

总之，青年朋友们要摆脱这种前途渺茫的心理状态，要记住：过去不等于未来，不管一个人已有多少失败的记录，它们都已经过去了，它们都不能成为自己未来是否成功的理由，未来始终在自己的手心里。

贴心小提示

亲爱的青年朋友们怎样去摆脱前途渺茫问题，关键一步在于做好求职。求职面试时心情紧张是必然的。眼见周围强者如林，前来应聘的竞争对手个个气度不凡，越发使自己产生一种自卑的心理，这对面试是很不利的。应从以下几点出发，做好自己的心理调适。

一是要从心理上战胜自己，要深知自己的长处和短处所在，应考虑在面试时怎样才能扬避短，巧妙地避开或弥补自己有所欠缺的地方，更好地表现出自己的长处。只有战胜自己过分紧张的状态，才能在面试时保证正常发挥的基础上争取超常发挥。

二是对理想的期望值不要过高，有一种说法是"求上得中、求中得下"，意思是说无论对什么事情，期望值都不要太高。因为事情的结果往往和所预想的有一定差距，要有从最坏处着想，向最好处努力的思想准备。

若对理想职位期望值过高，势必会对较不理想的结果过分恐惧而产生不必要的紧张，当然也就无法正常发挥了。事实证明，适度的紧张是有益无害的,适度的紧张可以使你更加严肃认真,注意力更集中,而过度的紧张只能破坏心理平衡,使头脑迟钝、思维混乱、发挥失常失败。

三是要正确对待求职面试,要坚信"天生我材必有用""此处不识君,自有识君处"。即使应聘不成,也只不过是"大路朝天,各走半边"。只要是千里马,何愁遇不见伯乐!只有大方、真诚、坦然地面对求职面试,才能在应试中举止得体,思维敏捷,妙语连珠。

四是各种应试不要怯场,你莫以为主考官都是洞察一切的,都是初次见面,你不了解对方,对方对你也不了解。不要妄自菲薄,不能自己先乱了方寸。应该这样考虑:茫茫人海之中没有十全十美的人,每个人都不可能是万能的,每个人都各有其长短。

正确地看待一夜成名

当今社会,一夜走红的人已不再是神话。比如"小沈阳""凤姐"等都是一夜走红的红人,为此很多人也期盼能如此走运。对此,青年人须知,任何人的一夜成名都不是偶然的,而是经过千百次的努力才换来的。所以对待一夜成名的问题必须有一个正确的认识。

1. 产生一夜成名心理的原因

法国启蒙运动的代表人物卢梭曾讲过:"青年期是一个狂风暴雨的危险时期。"青少年时期是自我同一性混乱与同一性形成相冲突,从而获得新的同一性的时期。这是一个复杂的心理时期,容易出现复杂多样的心理问题。

一夜成名，一方面吻合了青少年的心理特征，另一方面也折射出了当今青少年中的一些心理问题。这些心理问题在一定程度上助长了更多青年朋友一夜成名的期望。

那么产生这种一夜成名的心理原因有哪些呢？

（1）对生活认知肤浅

青少年对事物缺乏足够的分析判断能力，思考上具有较大的非理性，因而会产生缺乏思考的肤浅行为。很多青少年盲从一夜成名的精神号召，不惜巨额的代价，而出现了一些不正常的社会狂潮。然而也有的青少年缺乏对自己的见解，只是受到他人影响而做着一夜成名的美梦。

（2）浮躁心态下的梦想

从"灰姑娘"变成"白雪公主"，一夜成名的"明星"之路是无数女生梦寐以求的终南捷径。

我们看到，青少年对成人世界有相当强的模仿能力，成人社会的思维方式和社会风气直接影响着青少年的心理状态与行为表现。成人社会对物质利益追求的短期行为，也已经潜移默化中渗透进青少年的思想生活。

从总体上看，在浮躁的社会风气中，青少年往往心比天高，却不能脚踏实地。

他们喜欢设计未来、幻想未来，但不肯从小事做起、从现在做起，所以对家长或老师的监督、教育和批评，常有抵触情绪甚或反对和敌视，经常在白日梦中想象或补偿其实际的成功。

正是这样的浮躁心理和媒体的有意引导使少数的成功特例不但成为青少年共同向往、追捧的成功榜样，还被无限放大成极具可能性的成功机会。

（3）过度的攀比心理

有一些青年是为了成名的梦想，也有一些青年则认为上电视出镜本身就是成名,甚至有人将"出镜"看成在朋友、同学和亲戚中炫耀的资本。"别人参与了,我也要参与,因为我并不比别人差",这是一些青少年的真实心理。

不当的比较心理很容易演变成攀比之风,这种导向下,一夜成名这种思想就会从个体行为变为一种集体的从众行为,进而上升到一种大众化的群体行为。

2. 一夜成名对青年人的影响

一夜成名似乎可以从这个社会现实来重新审视今天的社会环境和人文思想,现在太多的人都追求时尚,追求刺激,但这种时尚和刺激往往成了一种非常表面化的东西,其内心的东西相信很少人能够理解和清楚。

(1)价值取向错位

青年们喜欢设计未来、幻想未来,但不肯从小事做起、从现在做起。选秀节目所营造的"一夜成名""一炮走红"的成功特例助长了青年的浮躁风气,使他们梦想着一蹴而就、一举成名、一鸣惊人,滋长投机取巧的心理,而缺乏脚踏实地、积极进取的精神,这给青年带来片面追求个人私欲的利己主义心态、崇尚感官享受的享乐主义心态,而人生思考的理想主义成分大大减少。可见,"一朝成名"的急功近利价值取向正在青年的心灵里作祟。

近年来,各大媒体的选秀活动搞得红红火火,一首节目的主题曲可以迅速唱遍祖国大江南北;包装良好的男男女女在短时间内就会家喻户晓。传统的艺人道路在他们这里大大缩短,原来要花10年,甚至几十年才可以成名的艺人到了这里就可以"一夜成名"。

青年人活力充沛、适应性强、更愿意去接触新事物,参与的积极性也相当地高,然而国内近年来,模仿国外选秀节目而制作的选秀"舶来品"

却存在着一些问题,这类选秀节目办得过多过滥,充斥着炒作、绯闻和各色谣言,甚至沦为某些商家牟取暴利的工具,不仅流于肤浅和庸俗化,也在潜移默化中影响了当代青年人的价值观。

(2) 社会价值观受挑战

在电视选秀节目所渲染的热闹气氛下,"万般皆下品,唯有读书高"已不再是青年的唯一价值目标。"条条大路通罗马,行行都能出状元"正是电视选秀节目的价值观念。

电视选秀节目在青年群体中获得成功,正是基于青年的价值需求的极大满足。电视选秀节目使青年获得价值体现的同时,也把自身的价值观传递给青年,作用于青年心理状态。电视选秀节目漠视年龄心理差异,强调平民参与、平等参与;推崇和树立平民偶像、明星梦想,无限放大选手的成功概率;大胆改变"好好学习,天天向上"、以"知识改变命运"的传统价值观。在这种价值理念的引导下,更多的青年将放弃对于知识的追求,对于道德的崇尚。

(3) 审美观念受影响

一般来说,青年对于时代"潮流"和"现象"的出现,一方面是盲从,另一方面是渴求与众不同,表现为追求时尚、标新立异等个性化行为。电视选秀节目正是把青年追求个性化的心理通过种种"个性行为"表达出来,而引发青年共鸣。"个性行为"通常表现为"出位",一般是审美的出位。审美的出位行为在赢得群体确认后,往往会形成一种风气和时尚。

也许,选秀节目火爆现象的出现存在一定的必然性和合理性,不能一棍子打死。但是,我们还要看到选秀节目作为大众文化商品,本身也存在着明显缺陷。目前我国的选秀节目所传播的价值取向对正处于价值观形成时期的青年朋友而言,不可避免产生了一定的负面影响。因此,需要我们社会、高校、媒体各方面共同努力，矫正"选秀"对青年朋友们价值观所带来的负面的影响。

3．正确看待一夜成名

在"选秀热"的环境里，如何促进青年的健康成长，是一个事关民族前途的重大社会问题，应该引起全社会的共同关注。

（1）改进家庭教育

家长是子女的第一任教师，家长的行为对子女起着潜移默化的作用。家长应该做好表率，提高自身素质，与子女建立平等、民主、相互尊重、充满善意的关系，而不能溺爱孩子，对孩子百依百顺、有求必应。

家长应该培养孩子高雅的兴趣爱好，把课余时间的旺盛精力投入有益的正当活动中去。当孩子使用零花钱不当时，家长应该及时制止并指正，让他们合理进行消费。

（2）创造社会环境

不可否认，娱乐媒体在"选秀热"中起到推波助澜的作用。然而，大众媒体本来就是一种社会资源，应该担负起其应有的社会责任。因此媒体应该少点经济利益的考虑，多点社会责任的思量，给正处于明星崇拜期的青年学生以正确的价值观影响。

正如旅美小说家裘小龙指出那样，媒体善用"明星效应"，草根偶像们更是身体力行，宣传、引导和巩固社会正面的、主流的价值观。另外，选秀节目还应有度，而且要保证其质量。好的选秀节目不仅可以娱乐大众，还可以让青年从中学到知识。

青年是祖国的未来，民族的希望。在"选秀热"的环境下，我们要做的是把更多的目光投向青年，促进他们健康成长，成为社会主义合格的接班人。

贴心小提示

一夜成名的现象原本应让我们看到让人娱乐放松的选秀节目，却成了许多青年的生活重心。"选秀热"对青少年带来的负面影响不可忽视，应该引起全社会的广泛关注，我们能从中看到以下几点不利影响：

一是让许多青年变得浮躁了。越来越多的青少年梦想一夜成名，成为众人瞩目的明星。青少年只看到了一夜成名的光环，忽视了报名人数庞大的事实以及其中许多人多年来辛苦耕耘的积累，而随波逐流，只梦想成为明星，不能再静心学习，也失去了自己以往所追求的理想。

二是青年是各个选秀明星的"粉丝团"的主力军，他们是选秀明星身后最强大的人气支柱。他们用大量的时间去追捧自己喜欢的选手，在百度建立贴吧，为选手建立各式各样的支持网站，在选手的博客上留言等。

三是青年也成了各种娱乐产品的主要消费者，如购买选秀明星的唱片、写真集、杂志等。粉丝们为了给各个地方的销售排行榜充销量，抱着"可不能让偶像受委屈"的心理，甚至重复购买同样的产品。他们为加入粉丝团缴纳各种入会费，还购买各式的礼物送给喜爱的选手，甚至千里迢迢去看选手的比赛、演唱会。

不要被暴富的心理所误导

有暴富心理的人，往往有投机心理，这是一种幼稚的观念，也是一种扭曲的价值观。当今社会上林林总总的骗局很多，骗术也多样。由于很多人心盼暴富，听信谎言，结果陷入种种圈套之中，深受其害。所以青年人要善于抵制诱惑的骗局，防止上当受骗。

1. 认识暴富心理产生的原因

暴富心理发展到极端的人，就会丧失社会公认的道德，变得极端自私，唯利是图，这样的社会成员如果达到一定规模，社会控制体系将面临崩溃的危险。所以，对暴富心理的危害不可小看，那么引发这种暴富心理的原因是什么呢？

（1）功利心理

这种心理在受过高等教育的青年朋友或其他知识分子身上常常可以看到。他们求职或择业的动机既有为国家、为社会、为人民做出贡献的愿望，更有对获取高收入、高地位的渴求。

当今社会大学生求职择业的功利心理，特别是知识分子的清贫、社会潮流的影响以及校园经商的启发，诱发了择业中追求高收入的暴富心理。

（2）求闲心理

求闲心理是指在求职择业中追求舒适、清闲的心态。在一些大城市里常有一种怪现象，即有些工作无人愿意干，而有些人无工作干，使大批农民工填补了空白，然后每天幻想着一夜暴富的场面，其实都是空想而已，这种求闲心理在青年朋友们的求职队伍里可能只占少数。

2. 消除暴富心理的方法

受社会风气的影响，许多青年朋友渴求走捷径成功，梦想获得比尔·盖茨式的成功，一夜暴富，一举成名，缺乏艰苦创业的心理准备，不愿从小事做起，从基层做起，踏踏实实地去成就自己的一份事业，那么应该怎样正确看待，并且消除这种一夜暴富的心理呢？

(1) 客观评价自我

每一个青年朋友都要认清自己,有一个适当的自我定位,客观评价自己,明白自己能干什么和不能干什么,其次要认清当前就业形势的严峻性,同时树立职业的社会意识和长远意识,在求职和择业的过程中,既有对自己正确的评价,也有对社会长远的认识和判断,从而准确定位自己的职业坐标,设计好自己的职业生涯,将国家利益和个人利益结合起来,把自己的理想和现实结合起来,形成开放的大职业观。

(2) 保持良好心态

良好的心态在竞争激烈的社会中是不可缺少的,因为每个人都有自己的优点和缺点,同时作为社会的一分子,都有自己相应的位置和不同的分工,在求职择业中遇到挫折是正常的,切不可因此自卑,面对求职失败,应该认真反思,吸取经验教训,努力争取新的机会。

在对部分成功就业毕业生调查中,绝大多数都谈到自己在择业过程中,注重发现自己的"卖点"、自身的优点或长处,并设法在应聘中突出自己的"卖点",最终达到目的。

(3) 树立创业意识

成功的事业有时会由于良好的机遇而变得一帆风顺,但是绝大多数必须付出艰苦努力。艰苦创业、自强不息、立志成才不仅是社会主义现代化建设事业对青年一代的要求,也是青年实现自我价值、实现理想抱负、获得幸福的良方,青年只有不断努力、不断进取、不断付出才能获得丰厚的回报;只有从小事做起、从具体事做起、从基层做起才能最终取得辉煌的成就和业绩。

(4) 做好技能准备

青年朋友们一进校门就要自觉把自己的专业与以后的就业联系起来,

认真学习，刻苦钻研，建立合理的知识结构，掌握扎实的专业理论知识，培养自己的实践操作能力、科学思维能力、组织协调能力等，只有如此，才能在激烈的竞争中占据有利位置。

总之，幻想着一夜暴富的心理是极其不健康的，时间一久不仅会影响到我们的工作同样也会影响到我们的心理健康，所以我们要脚踏实地地看清自己，知道自己的道路到底在哪里，学会衡量自己的价值，努力学习经验，这样才能使得自己的身心更加健康，也会摆脱日益的幻想加剧带给自己的烦恼。

贴心小提示

亲爱的朋友们，如果我们有了这种一夜暴富的心理，那么我们应该如何做好心理调适呢？

一是树立正确人生观，社会赋予青年的任务是脚踏实地地做好自己，一个人是否活得有价值，最主要的是看他是否尽了力，并不是看他的财富有多少。

二是转移注意力，选择自己比较感兴趣的行业，投入力量，争取好成绩，之后再迁移到其他行业。这样，自己的信心就会逐步增强，空想就会步步退却。除了学习之外，还应多参加活动，多与别人交往，以期改善内向性格，培养多方面的兴趣和乐观的情怀。

三是增强意志力，当空想来临时，运用意志力自我克制。在这个过程中，要学会自我暗示、自我命令。暗示、命令自己不要空想；暗示、命令自己把精力调到学习和生活上去。如果不行，还可以离开现场去访友或逛逛公园。

不要被侥幸的心理所驱使

侥幸心理的产生存在于不同领域和不同层面的人之中,它是指人们希望由于偶然的原因而获得成功或免去灾害的一种心理寄托,如经营生产者重利益轻安全,认为不会轻易出事而导致重大事故频频发生就是侥幸心理驱使的;酒后驾车导致的人间悲剧和顺手牵羊的盗窃等,都是怀有侥幸心理,而最终使自己陷入非常被动的境地。

1. 认识侥幸心理产生的原因

从法律法纪的角度分析,心存侥幸也是指人对自己能够逃避法律追究的自信想象或可能逃避法律制裁的赌注心理,因此它是有很强的腐蚀性和传染力的心理病菌,是突破思想防线的杀手,是违法违纪的祸根,它更是一种自欺欺人的不健康心理。

(1) 从众结果

生活中很多人的侥幸心理都是与旁人的行为息息相关的。有人闯红灯,实际上就是因为周围的人都在闯,人们的违规行为降低了他自己对规则的遵守与对危险的认识。可见,从众也会诱发人的侥幸心理,侥幸也是会传染的。

(2) 偶然强化

有的时候,我们一次偶然冒险经历的成功会鼓励下一次的冒险行为。在这个过程中,侥幸心理往往是被尊为上宾。例如赌徒,偶然的一次获利,就加大了他再次参赌的可能。还有贪官,第一次受贿可能是被行贿者所牵制着的。但是"天知地知"的结果,却让他看到了收受贿赂并没有那么危险。因此当再次受贿时，他就会坦然许多，甚至成了习惯。

（3）规避危险

侥幸心理有的时候有它的实际价值，这就是当我们面临大的危险时，一定的侥幸心理可以帮助我们有足够的时间和勇气去面对危机，否则，人的精神就会因为绝望而失去胜利的希望了。历史上著名的"空城计"就是一次以侥幸心理为底线的冒险行为。当然，这样的侥幸是在危及生命的情况下，没有选择的选择，也是在当事人具有一定控制能力的前提下采取的无奈之举。

侥幸是一种心理预期，也是一种自我安慰。它是在人们趋利避害的心理需求基础上产生的，因为人们都不喜欢做遗憾性的选择，所以侥幸就有了它的市场。所以，侥幸常会蒙蔽人们，使人们达到心理上一时的平衡，而失去对事物真实情况的评估。于是，在多数情况下，人们就很容易成为侥幸的俘虏。

2．克服侥幸心理的方法

侥幸就像是一剂麻醉药，使人失去正确判断事物的能力。因此，我们应当善于辨别侥幸、控制侥幸心理，将侥幸的出现当作一个警钟，使自己能够有足够的能力，规避由侥幸带来的不幸，而不能一叶蔽目、糊涂做人。

侥幸心理是人的不正常心态，通过适当的心理调适，是可以克服的。那么侥幸心理它作为人的一种不正常的心理状态，也是可以克服的。

（1）加强道德修养

人的侥幸心理的产生，与个人道德修养、意志品格、文化修养等有着密切的联系。道德修养、意志品格好，有文化修养的人，是很难做出没有原则的事情来。只有个人修养差的人，才容易产生侥幸心理，而做出愚蠢的事情来。因此，平时我们一方面要注意加强学习，改造自己的世界观。

古人说：书能养性、修身。我们可以通过读书学习，从书本中学到更多的知识，不断充实自己。像学习一些心理学知识、社会学知识、法学知识、道德伦理知识等，学会遇事用脑认真冷静地思考，正确认识自我，使自己的行为符合社会规范，符合法律规范。这样，当你头脑中有了不正确的想法时，就可以很好地思考一下，这个想法是否符合法律、道德规范，它将产生的后果如何，你就不会出现过激的行为。

另一方面，要在工作中磨炼。通过工作实践，可以磨炼个人的意志品格，改善心理结构。良好的环境熏陶和实际工作的磨炼，会使性格变得豁达一些，说话变得涵养一些，使你越来越走向成熟。

（2）学会转移注意力

侥幸心理也是受外界环境的影响，或利、欲的诱惑而产生的谋求个人利益的兴奋点。但这个兴奋点，受到内因或外力影响时，是会发生改变的。

比如，一个人一味地想弄到钱，他要经常地寻找弄钱的机会，像打麻将赌博、个人单独活动等，那么在这段时间内，无人劝阻，有了机会就可能去实施。如果参加了法纪教育，或者听到领导的讲话或提醒，当有这方面的想法时，自己想到以身试法的后果，可能就会打消这个念头。同时你还可以坚持参加集体活动，像打球、唱歌、生产劳动，或者专心致志地去做某项工作，分散自己不正常想法的精力，也会取得良好的效果。特别是你感到参加集体活动有了乐趣，工作中有了成绩，生活充实的时候，你的心理就会产生一种满足和安慰。

（3）学会增强自控力

侥幸心理有了第一次，可能就会想到第二次，有了想做越轨事的侥幸心理，最终会将你陷入违法犯罪的泥潭。因此，我们平时要从小事做起，从点滴养成，培养自己的自控能力。

当你有了非分之想的时候，你想一想达不到预想的结果给自己带来的后果，或者说这样做违犯了法纪受到处罚，得不偿失，你就会停止你的行为。总之，遇事用法纪观念来约束，掌握做事的原则，就一定能消除你的不正常心理，就不会发生违法违纪的行为。

贴心小提示

亲爱的青年朋友们，如果你们现在也存在着这种侥幸心理的话，请千万不要慌张，可以试试用以下的方法来自我调节：

一是树立乐观的情绪，侥幸心理是人们一种自我保护的本能，比如，当人们遇到压力、风险、危机而感觉焦虑时，心理会失去平衡，为了防止这种不平衡无限制地扩展下去从而导致人出现精神问题，这就需要一种乐观情绪来支撑起人的精神层面。

二是不要依赖侥幸心理，侥幸不是基于现实的，甚至是和现实相反的，它的作用就是暂时稳定人的精神；但是侥幸心理就如同心理上的吗啡，如果过度依赖侥幸心理来安慰自己，就是一种自我催眠了。

三是做事情要脚踏实地，侥幸心理是人人都会有的，只是比较脚踏实地的人不太会在意自己的这种心理，他们更看重自己的实干取得的成就；而一些存在投机心理的人，则比较容易相信自己的侥幸心理，相信运气，所以要脚踏实地地做好每一件事情，抛弃这种不健康的侥幸心理。

抛弃眼高手低的思想

眼高手低是许多青年人的通病，其表现一是只想做大事，不屑于做小事，甚至看不起做小事的人；二是在观念上认为自己什么都行，而实际上又往往不行。

凡事要脚踏实地，不能好高骛远，如此才能最终获得成功，所以青年人要懂得万丈高楼平地起的道理。须知，不做一的人，永远做不成二，不能做小事的人也不可能做成大事。

1. 了解眼高手低产生的原因

我们在各行各业中都会遇到这样一种人，他们能力一般却总是觉得领导对自己不够重用，自己的才华在现有的工作岗位上得不到充分发挥，自己的抱负在周围人中得不到理解，那么，造成这种眼高手低的思想原因有哪些呢？

（1）不能正确认识现实

青年朋友们正处在浮躁期，"眼高手低"的人有很多。这样的人总是活在自己的想象中，他们过多地思考"未来的自我"和"理想的自我"，而对于"现实的自我"没有一个客观的评判能力。

比如，他们认为自己具有管理才能，这只是他们内心的想象，或者说是理想和愿望。从另一个侧面分析，他们在无意识间拒绝接受"低水平的自我"。在他们的内心独白中，满是"我应该……"句式。比如，"我应该做个成功的人""我应该具有领导才能"等，而对于我实际是个什么样的人很少关注。

（2）过度以自我为中心

"眼高手低"这样的评价往往是当事人的同事给出的，从这里我们可以看到，他们的人际关系不尽如人意，究其原因，我们可以发现"眼高手低"的人往往过于以自我为中心，很难体会别人的情绪，只看到自己看不到别人，对同事的才能视而不见。

对自我评价过高的人往往还有自卑的一面。当自卑的那一面出现的时候，他们往往会感到自己是最可怜的人，非常无力、无助，这也是由于没有正确认识自己造成的。

2. 认识眼高手低的表现

（1）过分自负

大学生眼高手低一般表现为过分自负，即对自己的评价高出自己的实际水平，具有不切实际的择业期望值与自我评价。在择业期间表现为：把待遇是否优厚、交通是否便利、住房是否宽敞等作为选择标准，不愿承担艰苦的工作，不愿到经济欠发达地区和基层学校去工作。

（2）没有自我定位

青年朋友们的眼高手低现象的表现还在于，没有自己的职业定位，一味追求热门职业或热门行业。盲目攀比，往往和同专业或同年龄段的同学相比较，如：进外企，工资，福利等，并且对自己的职业竞争力没有理性环分析，职业技能偏弱，但工作的期望却很高，薪资要求不合理。

没有自己定位的青年朋友们往往不够务实，非常看重企业外在的光环，如上班地点、工作环境、外企等。求职中很计较企业能给予的东西，如薪资待遇，但工作中却不敢承担责任。

（3）过于自信

青年们表现出过于自信，急于成功，频繁跳槽。当问起跳槽原因时，总是这企业不规范,那家企业不正规或没有发展空间,不找自身的原因。没有社会经验,没有突出的能力和资源,而急于创业。由于缺少社会阅历,创业成功的可能性也很低。

造成目前很多大学生"眼高手低"的问题,学生的父母、我国的教育机构和整个社会也有责任。而大学生"眼高手低"问题对家庭、社会和他本人的危害都很大,直接会导致学生在职场上竞争力下降、职业发展走下坡路、缺乏健康的职业心理、甚至影响家庭的建立和家庭的和谐等。

3. 克服眼高手低的方法

不切实际,眼高手低是职场大忌。有职场经验的人都知道,常常有一种人,而且常常是新人,他们一进公司,就非常"眼高",急于表现自己的才能,会提出一些激情冲天,大而无当、不切实际的计划。结果证明往往非常"手低",以失败告终。打仗要一场一场地打,饭要一口一口地吃,即使你要登上月球,也还是要从地上出发。

(1) 正确看待自己

青年朋友们要学会正确看待自己,并且寻找自己的长处。然后,让自己的长处得以发挥。这是最基本的获得自信的条件。获得自信,要先获得满足感,让自己觉得自己很行,这是最基本的。因此,你要好好利用自己的长处,尽量发挥自己的长处。要多做,只有这样才能尽可能地品尝到成功时的满足感,这样你才能建立起自信。如果总认为自己不行,而什么都不去做,什么都不敢去做。就会变得越不自信,这是一个恶性循环。

(2) 从小事做起

青年们要培养做小事的心态,把小事做漂亮、做精致的心态。世界上再难的事情,再宏大的工程,也都可以分解成细小的具体事情,要想做成大事情,就必须把分解后的每一件小事情做好,所以任何事情都要从一开始做起，只有从一做起，才能做到二、做到三，才能最终成功，不做一的人，永远做不成二，也永远不会成功，不能做小事的人也不可能做成大事。

"眼高手低"的青年们大多过于关注自己的能力，希望得到别人的赞许，但关注别人感情的能力往往较差，从这一点入手也是比较可行的办法。比如，可以学习倾听同事的谈话，参与讨论，但注意不要发表自己的看法。

有眼高手低的朋友们也不妨客观地总结工作失败的原因，那样会对未来的工作非常有帮助，既不要将失败全部归结于自己，更不要将责任全部推给他人或客观条件。学会客观地分析失败，也能帮助自己找回真正的自我。有的时候承认自我的渺小是需要勇气的。

贴心小提示

在日常生活中，许多年轻人在求职时念念不忘高位、高薪，并且对自己说："英雄需有用武之地。"然而当他们走上工作岗位时，就会对自己说："如此枯燥、单调的工作，如此毫无前途的就业就不值得自己付出心血！"当他们遭遇困难时，通常会说："这样平庸的工作，做得再好又有什么意义呢？"渐渐地，他们开始轻视自己的工作，开始厌倦生活。

一是学会调整心态，那些取得一定成就的人，无不是在简单的工作和低微的职位上一步一步走上来的，他们总能在一些细小的事情中找到个人成长的支点，不断调整自己的心态，用恒久的努力打破困境，走向卓越与伟大。

二是发现工作乐趣，年轻人应该像哥伦布一样，努力去发现自己的新大陆，沉湎于过去或者深陷于对未来的空想是没有前途的。你正在从事的职业和手边的工作,是你成功之花的土壤,只有将这些工作做得比别人更完美、更正确、更专注,才有可能将寻常变成非凡。

三是要树立远大的理想,年轻人心目中要有远大的理想,但在实际生活中又必须脚踏实地,衡量自己的实力,不断调整自己的方向,一步一步才能达到自己的目标。

摒弃自暴自弃的心理

自暴自弃就是指悲观失望,不求进取,心灰意冷,自甘堕落的一种厌世情绪,具有极大的危害性。

青年人思维敏捷,精力充沛,但自我控制能力不强,缺乏坚强的意志和顽强的毅力。生活中一旦受挫或失败,容易自暴自弃,丧失信心。所以一定要注意摒弃这种心理。

1. 认识自暴自弃心理产生的原因

自暴自弃心理源于外部环境,也有个体自身的原因。从外部环境来讲,如果个体与环境不协调,有过多的挫折感,就可能产生压抑心理。

(1) 行为规范的影响

行为规范是调节、约束个体行为的行为准则。如果行为规范太多,过于严厉,或者规范与个体的接受程度差距甚远,个体极易产生压抑感。例如,有些社会对妇女有许多清规戒律;有些家长过分地管教孩子;有些单位与部门对下属有过高的要求,都会使之产生压抑心理。

(2) 工作生活压力

人活于世必然要进行工作、学习、生活等实践活动,若这种实践与人的能力相适应，个体就能取得预想的成绩，就有成就感；若人的能力不能承担这些实践任务，或者长期超负荷地工作、学习、生活，不堪重负，个体就可能感到痛苦与压抑。如有的学生面对繁重的学习负担，成绩下降，就会感到压抑消沉。

(3) 紧张的人际关系

人际关系指人与人之间的心理距离。人有合群性，希望自己能被他人接纳。亲密的人际关系能增强人的自信心，满足人的社交需求；而紧张的人际关系使人的精神与社会的需求不能得到满足，个人的志向处处受挫，或"怀才不遇"，或遭人冷遇，自然会产生孤独无援的感觉。结果可能导致个体采取逃避现实的行为。

(4) 个体条件较差

如生来长得丑陋，有生理缺陷，或者才能不及人等，都可能引起他人的讥讽和嘲笑。在他人的消极评价中，个体极易产生自卑感和自我否定感。有些人可能加倍努力，化压力为动力，有些人则可能感到压抑和痛苦，变得自我封闭或自暴自弃。

(5) 气质、性格影响

气质是人的高级神经活动类型。按心理学上的说法，人有四种典型气质即胆汁质、多血质、黏液质、抑郁质。根据气质的特点属抑郁质的人具有敏感、多愁善感的特点，对同一事物，他们的压抑感可能比其他气质的人更明显。

性格是人对客观事物的态度和行为模式，一般而言，外向性格的人遇事往往用情感将它表现出来；内向性格的人则常常把感情压抑在内心，其中消极的情感会转化为压抑感。可见调整改造个人的性格、气质对克服压抑感是十分必要的。

2. 调适自暴自弃心理的方法

当青年人过高的期望不能实现时，往往对身边的人充满敌意，对前途悲观失望，这是很危险的因素。一个人的快乐，并非来自他拥有得多，而是他计较得少，舍弃不一定是失去，而是另一种更广阔的拥有，那么应该怎样来面对自暴自弃的自我调适呢？

（1）正确面对现实

要知道社会是一个由多元子系统组成的大系统；社会有光明，也有阴暗面；世上有好人，也有坏人。看待社会不能过于理想化，要看到社会成员之间实际上存在不平等的地位，包括待遇上的差距。人与人不能互相攀比，不能用自己的标准去衡量社会的公平性，而应正视社会、承认差别、努力去缩小与别人的差距。

（2）正确看待自己

遇到挫折，应先从自己的主观方面去寻找原因。"勤能补拙"，用自己的勤奋特长去弥补不足之处；坚信人无完人，每个人都有长短处，只要积极有为，长善救失，"天生我材必有用"；要停止自我比较，不要担心不如别人，要自己接受自己，确立一种自强、自信、自立的心态。

（3）阅读名人传记

圣贤名人之所以成功，就是他们能从挫折中走出来。人的一生会遇到许多挫折，如何战胜挫折，到达成功的彼岸？圣贤们的思想与足迹能予以我们许多启示。孔子讲学"三虚三盈"，但他不气馁，不断努力，终于培养出三千弟子。南非总统曼德拉为反对种族歧视坐牢26年，终于取得斗争的胜利，这些都能给人以希望和勇气。

（4）健康快乐生活

许多沮丧的人放弃了他们最喜爱的业余活动，这只会让事情弄得更糟。为了扭转你目前的心情，不妨每天做些激烈的活动，多参加社交活动，如朋友联欢会、聚餐或看电影等。

让微笑常挂在你脸上。心理学家通过深入的研究发现，行为能够影响情绪。当你感到压抑时，不要拖着双脚垂头丧气地走路；不要躬背坐着，而要挺直身子；不要愁眉苦脸，要露出笑脸，这样做本身就能够让你感觉良好。

（5）坚持锻炼身体

英国教育家斯宾认为健康的人格寓于健康的身体。有许多精神压抑者通过体育锻炼，出一身汗，精神就轻松多了。科学家认为，呼吸性的锻炼，例如，散步、慢跑、游泳和骑车等，可使人信心倍增，精力充沛。因为这些行动让人肌体彻底放松，从而消除紧张和焦虑的心情。

总之，要经常保持愉快的心情，培养坚强、乐观、开朗、幽默的性格，培养广泛的爱好和兴趣。始终保持乐观积极的生活态度。同时应当加强意志和魄力的训练，培养自己不畏强手、勇于拼搏的精神，不断提高对压力的承受能力，抵抗自暴自弃带给我们的心理影响。

贴心小提示

一是劳逸结合寻求乐趣，爬山远眺、呼吸新鲜空气等活动都能够开阔视野，跳跳舞、唱唱歌、聊天逛街也是消除疲劳、让紧张的神经得到松弛的有效方法和精神良药。

二是学会运用弹性思维，一个富有弹性思维的人，往往能冷静地应对各种变化，化逆境为顺境，变压力为动力。所以我们要学会运用弹性思维，抱着"车到山前必有路"的潇洒气概，为自己创造一个积极、有序、宽松、和谐的生存环境。

三是积极地自我暗示，不要对自己过于挑剔，设立太高的期望值。试着接纳自己、欣赏自己,没有必要过分在意别人的掌声、称赞与关注。

四是适度地进行锻炼,心情压抑者,通过体育锻炼,不仅可以提高对挫折的承受能力,而且可使肌体放松,消除紧张、焦虑的心情,从而信心倍增。

消除急功近利观念的影响

急功近利是指一个人心浮气躁、毛手毛脚、眼高手低、急于求成、缺乏耐心的一种心理。其表现是做事总想一口气吃出个胖子、一锄头挖出口井等。

过于强烈的急功近利心理会让我们难以平静地、耐心地、仔细地去完成自己的工作,而且越是想要很快地做好一件事,越是不能够沉下心去做,容易犯敷衍了事的错误,这样只会让我们离成功越来越远。所以青年人必须消除这种观念。

1. 了解急功近利观念产生的原因

急功近利是一种情绪,一种并不可取的生活、工作态度,人变得急功近利了,会终日处在又忙又烦的应急状态中,脾气也会变得暴躁,神经也会紧绷,最终被生活的急流所压迫。

那么,产生急功近利心理的重要原因有哪些呢?

(1) 社会心态

从社会方面讲,主要是社会变革,对原有结构、制度的冲击太大。伴随着社会转型期的社会利益与结构的大调整,每个人都面临着一个在社会结构中重新定位的问题,于是,心神不宁,焦躁不安,迫不及待,急功近利就变成了不可避免地成为一种社会心态。

(2) 个人心态

从个人主观方面来看，个人间的攀比是产生急功近利心理的直接原因。通过攀比，对社会生存环境不适应，对自己生存状态不满意，于是过火的欲望油然而生，因而使人们显得异常脆弱、敏感、冒险，稍有诱惑就会盲从。急功近利是一种冲动性、情绪性、盲动性相交织的病态社会心理，它与艰苦创业、脚踏实地、励精图治、公平竞争是相对立的。急功近利使人失去对自我的准确定位，使人随波逐流、盲目行动，对组织、国家及整个社会的正常运作极为有害，必须予以纠正。

2. 认识急功近利的表现

一个急功近利的人是很难按照一定的步骤去按部就班地认真做好一件事的，因为他们已经形成了一种不好的习惯，总想着投机取巧，连自己都控制不了自己的行为。

(1) 不成熟

青年朋友们之所以会有很强的功利心理，就是因为在做事情的时候把结果看得高于一切，这就是典型的不成熟的表现，结果的好坏往往推动着他们的心理变化。一个好的结果能够让人欣喜若狂，而一个不好的结果则让他们从此一蹶不振。于是为了追求一个好的结果，为了让这个好的结果早一天来到，他们在实践过程中总是想方设法地走捷径，结果就不言而喻了。

(2) 草率

急功近利与草率是连在一起的。急功近利的青年人，办事毛躁马虎，对什么事情都是不求精细，这种人往往不适合从事科学研究、精细加工等工作，这些科技含量高而且要求十分精密的工作，一旦遇上这种急功近利的人，容易把事情办砸。

如果这些情绪经常发生，长期受到这种负性情绪折磨，心的平静势必被打破，情绪的紊乱状态就会出现。

3. 克服急功近利的方法

在工作中的急功近利心理一般是为了尽快让自己在同事中脱颖而出，有些人不惜采取一些极端的甚至是卑劣的手段，弄虚作假，蒙混过关，以期获得同事和领导的另眼相看。殊不知诡计迟早是会被识破的，这样做可以说是把自己推到了一个很危险的境地，如果有一天事情败露了，便再也没有退路了。

那么，究竟怎样才能克服急功近利的心理呢？下面我们就此提出了几点切实可行的解决之道，希望对大家能够有所帮助。

（1）要有务实精神

务实就是"实事求是，不自以为是"的精神，是开拓的基础。没有务实精神，开拓只是花拳绣腿，这个道理是人人应弄懂的。

"有比较才有鉴别"，比较是人获得自我认识的重要方式，也是青年朋友们克服急功近利心理的重要一点，例如，相比的两人能力、知识、技能、投入是否一样，否则就无法去比，从而得出的结论就会是虚假的。有了这一条，人的心理失衡现象就会大大减低，也就不会产生那些心神不宁、无所适从的感觉。

（2）遇事善于思考

考虑问题应从现实出发，不能跟着感觉走，看问题要站得高、看得远，切实做一个实在的人。在我们的心灵深处，总有一种力量使我们茫然不安，急功近利不仅是人生最大的敌人，而且是各种心理疾病的根源，它的表现形式呈现多样性，已渗透到我们的日常生活和工作中。

世界上怕就怕认真二字，说的就是如果青年朋友们能安下心来认真做一件事情，并且摆脱急功近利的心理状态就没有做不好的事。

青年朋友们做事情很多时候都是半途而废，在开始的时候是一腔热血，然后是热情消退，最后完全放弃，总是在想着事情的最后成果，急于看到所做的工作的成果，而这些却不是一天两天能看得出来的，所以就觉得这些工作是没有意义的，于是选择了放弃。

如果青年朋友们能够坚持，真正的静下心来，认真地去学习、工作，做的会比现在好很多。青年们都急需在心中添把火，以燃起希望。在很多时候，又急需在心中洒点水，以浇灭某些欲望，这样才会摆脱不良的心理状态，做到开心快乐地工作和生活。

贴心小提示

亲爱的朋友们，面对急功近利的情绪你可以尝试以下几种办法，希望对你们会有所帮助。

一是培养韧性，避免和克服急功近利心理的一个有效方法，就是把自己的性格磨慢、变韧。平时可以做一些需要细心、耐心和韧劲才能做好的事，针对自己的性格弱点，有意识地加以磨炼。只要持之以恒，一般都能收到良好的效果。

二是目标适当，避免急功近利心理。幻想依靠"短促出击"而能立竿见影，想经过一阵子的奋斗就一鸣惊人，是十分不现实的。青年朋友们如果真想要做出一番事业，就得做好长期奋斗的思想准备，不要急躁，辛勤耕耘，终将守得云开见月明。

三是保持心平气和，心平气和是青年朋友们急功近利心理的对立性反应。保持平和的心态来面对工作上的一切事物，这样才会取得更大的收益。